吃着碗里的

西坡 著

上海文化出版社

◆ 目录

春韭秋菘

吃着碗里的·序

　　如果有这样一种修辞方式，或者说这样结构的词组也能称之为某种修辞手法的话，那么它应该叫什么呢？歇后语？好像不能；省略？好像不妥。比如，在一定的语境当中，本来前后两个词是固定搭配，前词和后词，有一种内在的联系，可能是因果，也可能是递进，等等，缺一不可，否则意思或意义就不完整。但在实际运用上，人们常常只说前一词，后一词便被隐去。因为说的人或写的人相信，只须说出前一词就够了，后一词，听者或读者自然会根据自己的经验"续"上去的，可以不必费口舌、手筋之劳。举例说，只说"三个臭皮匠——"（隐去"合成一个诸葛亮"），人们仍然能够懂得；只说"其司马昭之心——"（隐去"路人皆知"），人们会自动帮他补上他没能说完整的后一个词；只说"盛名之下——"（隐去"其实难副"），人们自然知道这是一句谦词而不是狂言……那么，如果我说"吃着碗里的"，读者是否知道我没能说出的后一词一定会是"看着锅里的"呢？肯定，几乎是百分之百。

　　这种现象，与其说是固定搭配所形成的条件反射的缘故，不如说是人的生活经验在暗示、人的生活逻辑在支撑的结果。

　　是的，我的这本小书的名字，完整的表述应当是——吃着碗里的，看着锅里的。可是句式太长了，啰嗦，不好看。我希望只用其中的一半——"吃着碗里的"，却能表达出"吃着碗里的，看着锅里的"的完整意思，而且不被人们所误会。

我想，这是可能的。

除了嫌其做书名太长，啰嗦，不好看，更重要的原因还在于"吃着碗里的，看着锅里的"这个成语，给人的直观感受，是贪婪，是不满足，是得寸进尺，是犯了七宗罪……因此，用"吃着碗里的"来表达我的现时状态，也包含着"避重就轻"的意思，好像我只是"吃着碗里的"，别无他图。至于读者是否由此联想到了"看着锅里的"，我是管不了的。

难道已经"吃着碗里的"，还要"看着锅里的"，就那么没趣味、没品位吗？

我以为，一部人类文明史能够告诉我们，如果人类没有那种"吃着碗里的，看着锅里的"的理念和冲动，社会就缺少了一部马力强劲的引擎，就不会快速进步。难道不是这样吗？只顾"碗里"而不顾"锅里"，没有崇高的理想、没有长远的目标，不行；只顾"锅里"而不顾"碗里"，缺少扎实的基础，缺少足够的能量，也不行。所以，"碗里"要吃，"锅里"要看，这才是完整的人生，这才是社会发展的必然过程。

就饮食文化而言，"吃着碗里的，看着锅里的"，是爱好美食的人的必由之路。什么时候没有了那种"贪婪"，不仅"锅里"的东西和你无关，就是"碗里"的东西你也吃不到，吃不了，吃不好。

事情就是这样简单。

因此，如果因为我的这本"吃着碗里的"的出版从而诱发读者去"看着锅里的"的话，这倒真是我的一个贪婪的愿望，虽然它很有可能让圣多玛斯·阿奎纳神父感到不快（13世纪时道明会神父圣多玛斯·阿奎纳列举出了人类各种恶行的表现，分别是傲慢、妒忌、暴怒、懒惰、贪婪、贪食及色欲，称为七宗罪）。

　　感谢王刚先生、赵光敏女士，是他们给了我一只碗（结集成书的机会），使我有可能往那只"碗"里装点自认为好吃或者有营养的东西，来影响读者——或者增强他们的食欲，或者大倒他们的胃口。不管怎样，正如清代顾仲所言："以洁为务，以卫生为本，庶不失编是书者之意乎。且口腹之外，尚有事在，何至沉湎于饮食中也。"于我心有戚戚焉。

西坡

细骨银鳞

◆

张爱玲有所谓『人生三恨』，即一恨鲥鱼多刺，二恨海棠无香，三恨红楼梦未完。……须知鱼之多刺者往往细腻鲜美。反观人类，多『刺』者虽不讨人喜欢，倒是常有慧根和性情的。

"鲥"不再来

◆ ◆

沧海桑田，世事无常。曾经绚烂的，渐成平淡；原本平淡的，趋于绚烂，以餐饮为例，三十多年前，平头百姓吃点大黄鱼、大闸蟹，有何难哉？现在大多数人还敢经常如此"豪言壮语"吗？而近二十年前，加州鲈鱼、美国牛蛙风光无限，如今，它们早已"出落"得连经济窘迫的人家都不以其为"改善生活"的筹码了。唯独鲥鱼不失一贯之"贵族气派"，仍然矜持得让老饕们深恨不已。

鲥鱼之名，取其来去有定时之意也，为"长江三鲜"之一（其余两鲜为刀鱼和河豚），高档河鲜，向为皇家、官宦、文人等所推崇，由此而敷演出许多掌故，文人墨客对此均称赏不已，更以诗捧之。北人对于河海鲜素无兴趣，康熙、乾隆等帝乃游牧后裔，却无法拒绝鲥鱼鲜美而令人千里策马买舟进贡，或驿马传送，或用冰船河运，其状堪比杨妃。

鲥鱼的吃法不多，以清蒸一法为基本。蒸，则颇有讲究。一般河鲜，去鳞烹调，乃是铁律，然于鲥却绝不可"除鳞务尽"，否则绝对是大大的戆大。《本草纲目》中说："鲥鱼味美，在皮鳞之交，故食不去鳞。"原来，鲥鳞藏有丰腴的脂肪和矿质，是鲜美保证，弃而不用，岂非近于买椟还珠？所以，我们吃到的鲥鱼都披着一副

"盔甲"，就是这个道理。如此吃法，萧规曹随，以至今日。

有趣的是，也有人并不如法炮制。传，旧时有位镇江姑娘嫁到南京，姑嫂们都想掂量新娘子的厨艺，特地买了一尾鲥鱼考她。只见新娘子拿起刀，噼里啪啦，把一条鲥鱼的鳞片全部刮掉。姑嫂们当她是十足的外行，但并不说破，就等吃饭时看笑话。哪知鲥鱼上桌，比不去鳞的鲥鱼还要鲜美。原来新娘子长在盛产鲥鱼之地，精于烹饪，以为鱼不去鳞毕竟不雅，便刮下鳞片，用针线串联起来，吊在锅盖上，蒸鱼时，水汽将鳞脂溶解，滴落在鱼身上，令鱼肉鲜美。从此，姑嫂们再不敢小看这位新娘子了。

其实，这个方法，我在髫龄之年即已知晓。当年有一段时间，我曾被寄养在一位亲戚家。一天，亲戚按旧制蒸鲥鱼。一位邻居，民国时曾做过一任驻美使馆的二秘，是位腹笥甚厚的长者，就对亲戚说，可用"去鳞法"来蒸鲥鱼。我亲耳所闻，但不见采纳，推想是嫌其麻烦。至于怎样将串起来的鳞片吊在锅盖上？我总也想不明白。直到看到一则佚事，才恍然大悟。说是慈禧御厨，因为老佛爷不喜欢看见鳞片，又要取其鲜美，很让他犯难。后来，他绞尽脑汁，终于想出一个办法——把鱼鳞刮下来，漂洗多次，装在一个纱袋里；再在蒸笼盖顶加一个钩，挂上纱袋。蒸鱼时，鱼鳞上的油质全都滴到鱼上，既保鲥鱼鲜味，又不见一点鳞片。

上海人头脑活络，发明了一种简单实用的蒸鱼方法：用针线将鱼鳞片片串起，覆在鱼身上，蒸成，拎起线脚，将鳞甲整个提起，脂水已渗入鱼身，鱼鳞则用来煲粥。

现在，鲥鱼成了既名且贵的食品。请人吃饭，不点鲥鱼，似乎档次欠高，一般半条总要两百多元，品相好、体量大者就要四百多元。鲥鱼之鱼市价格，20世纪60年代仅四毛左右；70年代才一元左右；90年代初涨到十元左右。那么80年代又是多少呢？记得80年代中期，在浑浑噩噩读了四年"闲书"后，一班室友要作鸟兽散了，于是到淮海路上绿野饭店撮一顿以为纪念。我们点了两个中段的鲥鱼，十二元。以前，饭店的毛利一般是百分之五六，你可以推算它的鱼市价了。

其实，现在饭店里的鲥鱼是不值这个价的，因为它们都是人工养殖，真正的长江鲥鱼早在十多年前就已绝迹。南京爆过"六条鲥鱼卖出三万元、还不保证野生"的新闻，鲥鱼优劣，可想而知。

张爱玲有所谓"人生三恨"，即：一恨鲥鱼多刺，二恨海棠无香，三恨《红楼梦》未完。我以为，恨至深即爱至切，我们看到的正是这位才女对于鲥鱼的一往情深。倘若鲥鱼少刺，张女士是否就欢天喜地了呢？哪能呢！须知鱼之多刺者往往细腻鲜美。反观人类，多"刺"者虽不讨人喜欢，倒是常有慧根和性情的。

识鱼和识人，其实差不多。

刀鱼难吃

刀鱼难吃？开玩笑！抱歉，我只是想说，刀鱼不难吃，但它细刺密布，如同狼牙棒在口，吃起来很困难。刀鱼之难吃，还有一层意思：太贵了！动辄千把元一斤；品质好的还要上万。吃刀鱼，能不难吗？

虽然吃起来很难，但刀鱼肉质之细腻，超过鲥鱼。宋代名士刘宰对于刀鱼的美味称赞不已，说："肩耸乍惊雷，腮红新出水。淹以姜桂椒，未熟香浮鼻。河豚愧有毒，江鲈惭寡味。"似乎"刀鱼尝过不思鱼"了。李渔嗜刀鱼，也表达过相近的意思，以致"至果腹而犹不能释手者也"。"至果腹"是什么概念？不就是拿刀鱼当饭吃嘛！豪举。不过，刀鱼捕捞产量曾占长江鱼类天然捕捞量的35%—50%，其中江苏江段所占比例更曾高达70%。也就是说，刀鱼原先是人皆可食的常馔，如今身价百倍，就因为两个字：稀少。

稀少，缘于滥捕和污染，可以想象。还有一些原因比较专业，比如，刀鱼栖息地和洄游两岸的水文条件发生变化，筑坝筑堤，使原来的泥巴地变成水泥壁障，不利于刀鱼休养生息；另外，长江口捕捞鳗鱼的网具网眼很密，对水生鱼类大小通杀。于是，作为洄游类的刀鱼，进不去，出不来，恶性循环，怎么能不少！

刀鱼最好的吃法当然是清蒸，但究竟怎样烹调才能极尽其好处，大有讲究，非一般人所能措手。袁枚在《随园食单》中列出两种做法："刀鱼用蜜酒酿、清酱放盘中，如鲥鱼法蒸之最佳，不必加水。如嫌刺多，则将极快刀刮取鱼片，用钳抽去其刺。用火腿汤、鸡汤、笋汤煨之，鲜妙绝伦。金陵人畏其多刺，觉油炙极枯，然后煎之。谚曰：'驼背夹直，其人不活。'此之谓也。"

清蒸是常用而且是最好的烹调方法，至于要不要放酱油，可商量，口味不同，不可强求。钳抽其刺，一根一根，有空哦！油炸，则好像有点暴殄天物（袁枚时代，刀鱼并非金贵之物，或可谅之）。曾有机会吃过一回刀鱼，厨师将部分骨刺剔出，炸成一碟，以佐老酒，也是一法。

有人谈吃刀鱼，总说要在清明前品尝，否则刀鱼鱼刺，由绵而铁，吃口变差。那么清明之前的刀鱼，其骨刺真是"嘴里只剩软刺，吐出来像是一堆绒毛"？恕我福薄，从未有此体验。我相信大多数人均以骨鲠刺喉为悸。

好在天无绝人之路，有人便想出一些办法来解决"多刺"的问题，方法是：左手用筷夹住鱼头，提起来，右手用筷从鱼头以下贴着鱼骨两边夹紧一抹直到鱼尾，鱼肉就会完整地落入盘中！

按，真那么容易？很让人怀疑。我虽然没有亲为，但不知道诸君是否吃过刀鱼馄饨，即用刀鱼肉做馅的馄饨？我请教过主理的大厨：刀鱼肉怎么处理才不含刺？答案即是采用上述的办法。但觉得此法一定不会十全十美，否则，嗜食刀鱼之"恨人"，就不会那么多了。

另有一种方法甚为有趣：剔除头骨和三角刺，将一块鲜肉皮整张反摊在砧板上，将刀鱼放在肉皮上剁，直到剁烂，便用菜刀把刀鱼肉刮出，鱼刺就全都嵌进肉皮内了。

按，这种方法固然好，但好端端的一条鱼，被剁成了肉糜，此为一憾；鱼和肉跳"贴面舞"，还能保持味道纯正吗？此为二憾。

还有一种方法更为奇妙：将刀鱼用钉子钉在木头锅盖上，水烧沸后开小火焖上一天，锅盖上的刀鱼肉被热气"熏"得酥烂而掉下锅里，锅盖上只剩下鱼骨。

按，唐鲁孙先生也介绍过这种做法，好像更高明些，比如在刀鱼和锅盖之间涂抹几遍生橄榄汁；用细竹片分头、中、尾三段，将鱼嵌在锅盖上……不过，此法虽妙，终究还是等于余汤。下面条似较佳，下酒就太琐碎了，不够劲道。

其实，一种好的天然食物，要得其精髓，理论上应该"少动"为妙，吃刀鱼也是。把鱼蒸到最佳状态，加些必要的作料，就可以了。至于刺多，那是没办法的事，须知这是刀鱼之所以鲜美的重要组织架构，正好比赵飞燕美在瘦、杨贵妃美在肥，你要谁向谁学习？或是弄个山寨版的，行吗？关键还在心态。有一位懂经的食客说得好："刀鱼若无刺，那鲜嫩无比的鱼肉便直直地滑进肚中，几乎不可能细品，而因为这些刺，鱼肉在舌头上才有回旋的余地，一抿之间，其味之鲜也就备觉悠长。"余深表同情。

但吃河豚不拼命

有个段子，是关于河豚鱼的——

听人说河豚鱼味道极鲜美肥嫩，夫妻俩特地买了几条，烹熟后准备尝尝，忽然想起吃河豚弄不好要中毒而死。于是，丈夫叫妻子先吃，妻子要丈夫先吃。后来妻子犟不过丈夫，只好先吃，举筷夹鱼时，流泪说："吃是我先吃了，只求你好好照顾两个儿女。他们长大后，万万不要买河豚吃。"

所谓"长江三鲜"，我已涉笔其二（鲥鱼和刀鱼），另一鲜，即是河豚。要不要写？颇感迟疑，原因，自恋地说，是忧谗畏讥，或，直白说，不想引火烧身。

河豚并非"善类"，稍为不慎，岂不落下为之"张目"的口实？但鼻涕虫丑陋，生物学家不因其丑陋而不顾，它总还是地球生物链上的一环吧，有没有利用价值？不知道，所以要研究。对河豚，视而不见不对，视而"成见"也不对。我举几个数字，就可说明"拼死吃河豚"实在很危险：河豚身上的毒素毒性比氰化钠还要大1000倍，0.5毫克即可致人死亡，一条河豚鱼足以毒翻七八个成年人。读者要以餍口福，一定得请教权威机构和有资质的餐饮企业。解馋事小，性命交关，因小失大，不值也。

河豚事故不少，故事也多。因为事故频繁，难免播腾众口；又因为众说纷纭，增加了它的神秘性，促使猎奇者铤而走险，徒增事故。如此循环往复，以至无穷。

在很早的时候，河豚就被国人视为极品美食。吴王夫差把河豚与美女西施相提并论。河豚精巢居然被称之为"西施乳"（见《五杂俎》）。苏东坡称"食河豚而百无味"，其诗"正是河豚欲上时"，虽然没有鼓励人们去"美食冒险"的意思，但传递出了一种美妙的生活境界，成为诱使品尝河豚的"看不见的推手"。

问题是，苏子吃了那么多河豚，竟然一点意外也没发生。唯一的解释就是：他懂，或厨子懂怎样才能既得美味又不伤身的诀窍。我想，如果人人都是苏轼，河豚何足惧哉？可惜苏轼不能无限复制，因此，河豚仍是"毒品"。

当然，坊间并不缺少烹饪调鼎的高手。长江流域，除江阴一带盛产河豚，武汉也是有名的产区。其实，武汉河豚的品质较江苏段为劣，但流传的"佳话"倒不少，百年老店武鸣园就是品尝河豚的最佳食肆。早在1919年，名伶梅兰芳在武汉演出时就在此"拼死一吃"。当年，国民政府财长宋子文莅汉视察，突然提出想品尝河豚。陪同官员谁也没敢接茬。宋子文心知肚明："我知道吃河豚的规矩，是自己吃自己，因为有危险，所以谁也不敢请客。"于是掏出一元钱，说："我不要人家请客，你们这些识途老马，总应当陪我一尝异味吧。"众人只得硬着头皮陪吃。也许，宋子文知道梅博士安然无恙，所以才表现得那样"勇猛"。

大人物们吃河豚都没事，并不等于小人物吃了也没事。这是我们必须时刻谨记的。

如今，刀鱼和河豚并食，好像成为一种时尚。前些日子在一家高级宾馆吃过一回清蒸刀鱼，紧接着又上红烧河豚。此种做派，倒是第一次见识。服务生神秘兮兮地对一众人说："河豚的睾丸都在呢。"意思是："这可是补的啊！"我暗暗吃惊：河豚之毒，以此为最，这厮好不晓事！再看在座诸位，谈笑风生，不介于怀，也就安之若素。想想也是多虑：一是现在不少店家都以河豚为号召，其实哪来那么多野生河豚？怕是养殖的吧（承若丹兄相告，河豚人工业已养殖成功，毒素大减）；二是高级宾馆珍惜羽毛，一定善为烹治，以保食者无虞。于是放胆大啖。

吃河豚是有些讲究的。比如河豚的表皮布满密密麻麻、类似颗粒状的小刺，令人难以下咽。有人干脆一吐为快，弃而不啖。其实这是很"洋盘"（上海俗语"傻"）的。正确的吃法是，将带刺的表皮相向而卷，吞咽下肚，可保无"骨鲠在喉"的难受。为什么要把皮吃下去？据说含刺的皮吃到胃里，可起到清道夫那把扫帚的作用。

现在想来，我的贪吃河豚，既不合乎科学发展之道，又有违于和谐社会之旨，更兼未得美如西施之至味，实在是不足为训的。

银鳞细骨下的生存

　　小时候，有一次吃鱼，我不小心把一根鱼骨以错误的方式"安置"在了喉咙口，非常难受。父母又是让我喝醋，又是让我咽饭，终究于事无补，只得到附近医院请医生钳出。我幼年身体极好，从不知医院是何模样，那一次算是见识了。长大之后，每每体检，医生照例要将箍在头上的反光镜翻转下来始做口腔检查，我总是不由自主地想起那段"骨鲠在喉"的往事，颇能体会那些有"直声"的谏客之所以"不吐不快"的心曲。

　　从那时以后，我对于食鱼有了心理障碍，除了黄鱼、鲳鱼和带鱼（三种鱼均少刺），其他鱼类基本敬而远之。有时看到别人猛吃以多刺闻名的鲞鱼，一筷入口，十几根细刺随即粘在唇上，"呸"的一声之后，齐刷刷似侠士袖中飞出的飞镖，射向饭桌，像排成一队的剑客，委实佩服极了。

　　自从黄鱼、鲳鱼和带鱼身价上蹿变成"贵族"之后，我就成了"食无鱼"的一族，只是和喜欢发"长铗归来乎！食无鱼"之牢骚的冯谖完全不同，我就如获得救赎的肖申克，避之唯恐不及，幸甚至哉！

　　说起来，这种欢喜还出自一个很阴险的目的——既然不能吃鱼，还能吃什么呢？那就吃肉！须知其时贵肉贱鱼，鱼乃常馔，而肉则是盛宴的标识。

但不吃鱼毕竟与礼佛不同。信徒笃信报应，我怕吃鱼，并非因为来世可能变成一枚让鱼一口吞下的蜉蝣，只是嫌麻烦，或者还有让鱼在圆寂之后扔出的"标枪"击中喉咙的恐惧。

人是世界上最经不起诱惑的动物。老虎吃饱了肚子，哪怕你想成为舍身饲虎的摩诃萨青王子，横身于虎口之前，人家最多把你当皮球踢来踢去，决不贪嘴。而人呢？已经吃到了十分，为了最后的一滴酒、一块肉、一只汤团……搭上条活蹦乱跳的命，也是时有所闻的。我也是个不大经得起诱惑的人，而且，随着年龄虚长，一只嘴巴就有点"无所畏惧"了，比方说对于鱼的态度发生了变化，呈现"明知鱼有刺，偏向刺中行"的味道了——为了吃到垂涎已久的刀鱼，不惜驱车几百里，专程到靖江品尝；同事们一道到同里搞活动，只伸一筷，不知怎地觉得那条白水鱼鲜美得无法形容，便忘情大唉，全然不惮其细骨丛生……

最噱之事，发生于几个月前。有位朋友拉我去郊外钓鱼，我于此道实属外行，只能袭诸姜太公的做派——愿者上钩。几小时流逝，战绩形同竹篮打水，焦虑，烦躁，又不好意思临阵脱逃，以显缺少修养和绅士风度。也是吉人自有神助，一条两斤多重的超大鳊鱼居然扭捏作态、投怀送抱而来，我俨然成了同钓者心目中的"博尔特"（牙买加飞人）。回家后，那条平时在菜场看也不看的鳊鱼在眼里变得如此漂亮，刮鳞，开膛，剖肚，冲洗，特地拿出炒菜用的大铁锅，换上透明锅盖，点上猛火……这样大且多刺的一条鱼，竟由我"包销"了一半，令人不可思议。

钓鱼的经历，使我浮想起与鱼有过的一次不解之缘。"文革"结束时，我正上初中，其时盛行"学工学农"，我们的"学工"，便是在菜场帮忙处理"橡皮鱼"（即马面鱼）。一般人买到吃到的"橡皮鱼"，一身银装，其实它原有一层粗糙的灰褐色的表皮，需要撕揭，我们要做的正是"剥皮"营生。大冬天，小手冻得满是冻疮，靠着"一不怕苦，二不怕死"的大无畏精神，我们"学工"学得相当出色。

那是唯一一次我主动让母亲去菜场买"橡皮鱼"的经历，因为在我看来，好像全世界的"橡皮鱼"都是在我们的双手撕扯之下才现形的，我们应当享受一下自己的"劳动成果"。

有道是：仁者乐山，智者乐水。果真如此吗？我倒是以为"仁者吃肉，智者吃鱼"是不错的。旧时南方多出举子，恐怕与南方水网纵横，食鱼者众有关。对于我来说，要想成为"仁者"好像不难，但要想成为"智者"，不吃鱼又如何办得到？谁不想聪明一点，那么我对鱼发生兴趣是否有点晚？一想起来，晚上睡得很不踏实，四周一看，"什么声息也没有，妻已睡熟好久了"（《荷塘月色》句）。

鲍鱼之肆（上）

　　孔子说过一句很有名的话："与善人居，如入芝兰之室，久而不闻其香，即与之化矣。与不善人居，如入鲍鱼之肆，久而不闻其臭，亦与之化矣。"显然，所谓鲍鱼，即发出臭味的鱼。《史记·秦始皇本纪》中的一段描述，也可以证明这一点："会暑，上辒车臭，乃诏从官，令车载一石鲍鱼，以乱其臭。"它说的是，秦始皇东巡突然死亡，为了防止因此兵变动乱，主其事者将丧事秘而不宣，怎奈返回咸阳路途遥远，秦皇尸体难免发臭，于是让人在灵车里塞了一石鲍鱼，以其臭而掩盖异味。

　　然而，梁实秋先生说过一个"一生没有过的豪举"的故事：有一年他下榻沈阳一友人家，晨起见厨师老王胃痛，不胜其苦，便拿了随身携带的苏打片，给老王服用了两片，老王的胃痛马上止住，他为了报答梁先生，煮了一碗面给梁先生吃，并偷偷拿出主人舍不得吃而庋藏的一听鲍鱼罐头悉数做了浇头，以致"异香满室"。

　　不是说鲍鱼臭不可闻吗？怎么会异香满室？这又是怎么回事？

　　其实，此鲍鱼非彼鲍鱼。孔子说的鲍鱼，是有腥臭味的渍鱼，即我们通常说的腌咸鱼；而梁先生吃到的鲍鱼，则是名贵鲜美的贝壳类的软体动物，叫鳆。那为什么"鳆"会被后人"鞋子穿在袜里"地说成了"鲍"？周亮工《书影》说得很清楚："鳆鱼出胶州。鳆音扑，今皆呼'鲍'。胶人言：鳆生海水中，乱石上，一面附石。"原来是山东人的口音之转，别字捣了糨糊，正好比我们现在老是把鳜鱼写作桂鱼一样。

鲍鱼之所以名贵，是因难捕。鲍鱼是腹足纲软体动物，在礁石上的附着力相当惊人，一般其肉足的吸力高达200公斤，狂风巨浪也奈何它不得。据说，有经验的渔民捕捉鲍鱼，往往只能乘其不备，迅速用铲子铲下或将其掀翻，否则，即使将它的外壳砸碎，也难取其肉。韩国有一类叫"海女"的女渔民，专门深入大海捕捉鲍鱼等海鲜，虽然收入不错，但经常会遭遇不测，以致香消玉殒，非常令人同情。

最近，著名作家邓刚在《文汇报》上撰文披露，当年为招待访华的美国总统尼克松，周恩来总理亲自给国务院布置任务，国宴上要用辽东半岛的鲍鱼。因为北纬三十九度的海水不冷也不热，最适于鲍鱼的生长。尽管鲍鱼在冬季都躲藏到了礁石深处，很难寻找足迹，但年轻的潜水员王天勇鼓起勇气，在零下二十多摄氏度的严寒中，潜入海中一百多次，奋战数日，终于捕捉到一千多公斤的优质鲍鱼。《中美联合公报》发表后，周总理称那些为这次重大外交成功而奋战的劳动者是"幕后英雄"。

提鲍鱼这些事，无非要说明两点：一是难求，二是美味。唯难求而更珍贵，唯美味而更受追捧。古代中国沿海各地大官朝圣，大都把干鲍鱼作为贡品，一品官吏进一头鲍，七品官吏进七头鲍，鲍鱼"头数"与官位的高低相对应。从品质上说，鲍鱼的"头数"越少越贵，俗话说"有钱难买两头鲍"，两头的鲍鱼就已十分稀少。至于一头鲍，那也只有一品那种"一人之下，万人之上"的身份才拿得到，有时简直是"不可能完成的任务"。

我想，大概只有邓刚——当年的"海碰子"（指身怀绝技、性格彪悍的海上捕捞高手）——才不把捕捉和大啖鲍鱼当回事儿。

鲍鱼之肆（下）

◆　　　　　　　　◆

　　邓刚回忆说，小时候，在辽东半岛沿岸任何一个海湾，只要憋一口气扎进半人多深的水里，就可以捕捉到鲍鱼。用刀将壳里的鲍肉剜出来，放在火堆上烤得滋啦啦冒油，然后就胡乱地嚼着，稀里糊涂地咽下肚去……然后抻着脖颈高唱："我们都是穷光蛋，口袋里没有一分钱；我们都是阔大爷，鲍鱼海参就干饭……"

　　这是绝不夸张的。在物流不发达、粮食供应紧张的年代，人们对于这类几乎等同奢侈品的"副食品"，不可能产生过分的要求，地方特产只能这样就地"消化"。

　　鲍鱼在产地不值钱，同时也流不进上海，所以多数人不识其为何物何值。我有个小学同学，当年负笈东瀛，课余去餐馆打工，某日"偷吃"店里丢在地上的一样不认识的水产品，被鲜得死去活来。后来他向"前辈"讨教，才知道那东西叫鲍鱼，从此见到我便要说起它。可我对此亦懵懵懂懂，茫然不知所对。我猜想此公为美食诱引，未必从此敛手。

　　可以肯定的是，邓刚描述的情景，现在不会再有了。鲍鱼被尽数收购，成了"硬通货"，渔民们怎么舍得把"钞票"往肚子里咽？即使像当年邓刚那样的少年还在，也由不得他们使性子"糟蹋"鲍鱼，人家早就占地为王，壁垒森严，岂容他人偷窥？更何况，随着环境的恶化，自然状态下的鲍鱼变得越来越稀少。种种因素叠加，鲍鱼作为"海鲜之王"的地位愈加巩固。一个明显的例子是，深证中小板中的"獐子岛"股票一上市，备受投资者追捧，股价高举高打。而"獐子岛"公司从事的，正是捕捞和养殖鲍鱼。

曾经被人避之唯恐不及的"鲍鱼之肆"，如今咸鱼翻身，扬眉吐气。出入品鲍之所（鲍鱼之肆）者，哪个不是踌躇满志，神完气足？

有个经营浴场的东北老板，赚得几桶金以后，全身而退，凭借在辽东半岛的人脉关系，在某医院旁边开了一家专吃獐子岛海鲜的海鲜火锅店。他专诚请了一些对吃有点兴趣的人前去交流、研讨。东西确实好，理念也不错，我以为就是传递给顾客的有效信息贫弱了一点。给出的建议：一是改店招，变毫无特色的"海鲜火锅店"为"海鲜秀"；二是突出"獐子岛"的品牌效应。日前我因伤病去那家医院复诊，抬头赫然可见该店霓虹店招上我们提的两个建议已付诸实施，侧面打听了一下，该店的"海鲜秀"秀得不错。

有人也许要问，烹饪鲍鱼，或干烧，或红烧，或爆炒，或清蒸，或白煮，或糟腌，或凉拌，或熏烤，何以要用火锅吃法？其实这是无所谓的。我们不能因为食材珍贵而拘泥于固有的 法 式，有所发明而又能有所增益，才是好的选择。火锅吃法，略当于汆汤吃法，怎么不行？

腻友刘兄，也是东北人，成功人士，混迹海上多年，但多少有点"狗改不了吃屎"，从说话到饮食，还保留了一些"那旮瘩"的习惯。比如，吃鲍鱼、海参，喜欢生吃，用类似上海人常用的"炝"法：分两个碗，各盛糖醋汤汁大半碗，放入凤爪若干，然后将海参切段，鲍鱼切片，分别羼入两只碗中，我姑且称之为"炝海参"和"炝鲍鱼"，非常好吃。"炝"是江南特有的烹调手法，难道也与东北暗合！我不知道刘兄是瓣香上海，还是继轨东北？

好多年前，单苏兄带我到安亭路上一家酒店品尝鲍鱼。红烧，体量不小，至于味道，好，但究竟有多好，说不上来，积累不多故也。经理指着庭院那边一家以鲍鱼闻名的餐馆说："我们的鲍鱼要比他们的便宜近一半。"可尽管这样，我也没见那家餐馆门庭冷落，倒是有许多食客趋之若鹜，而这边也没见红火。原因，烹调的到位与否起了决定作用。很多时候，价格并不是决定因素，品质才是制胜的不二法门。

说到鲍鱼烹调，不能不提香港的阿一鲍鱼。

阿一鲍鱼是上海人杨贯一开创的。1949年他到香港谋生，做过侍应生、厨师，还和别人合伙开办酒店。一道阿一鲍鱼，令他闻名天下。杨氏成为世界三大名厨之一，并于1990年与密特朗等一起荣获"世界杰出风云人物"称号。

据披露，阿一鲍鱼之所以克享盛誉，幕后推手当然要靠秘制，但公开的资料显示，其在选材和烹调上的精雕细刻，也是取胜之道，比如，日本窝麻、吉品、网鲍为世界干鲍之冠，阿一便是取材于它们（蔡澜先生推崇日本鲍而不屑于澳洲鲍、南非鲍，可见一斑）；采用砂锅、风炉、木炭等传统器具，盖因炭火稳定、旺盛，砂锅贮热，不会破坏食味；鲍汁须用四年以上老母鸡、五年期金华火腿、一年以上精瘦肉、猪南排、猪蹄熬制；烹调须用不同火候熬制两天两夜……如果鲍鱼鱼心的吃口能够达到像吃年糕的感觉，方能称为臻于极致。

有个老法师告诉我，吃阿一鲍鱼还要讲究吃法：用叉子将整只鲍鱼叉起，由外而内蚕食，乃得至味。想想自己往往刀叉齐下，割而食之，实在暴殄天物，惭愧惭愧。

我听很多人说起，到香港不吃阿一鲍鱼枉来一趟，可我碰到的人当中，登香岛而不染指阿一者占了绝大多数，毫无疑问，那是被昂贵吓坏了。不过，最近见有真空包装版的阿一鲍鱼面市，得其髓而取其便，不出家门而能品尝，堪称一大卖点。

鲍鱼品种繁多，但市场的供应方式不外以下几种：鲜品（含急冻）、干货和罐装。鲜鲍烹调较难，干鲍处理较烦，唯罐头适合家用，梁实秋、蔡澜都是罐头鲍鱼的拥趸。然则上海人不谙罐头食品久矣，真空包装版或许有以迎合也未可知。

虾中龙

◆　　　　◆

央视曾播出一档节目，有个竞赛环节，可惜我只看到一个片断：一位年轻厨师，双脚倒钩于单杠之上，头朝下，身子悬空，黑布蒙眼，大概要在规定的两分钟时间内，完成对龙虾肉的剔出，然后批成一盘刺身。结果，小伙子不仅整套动作一气呵成，还提前了几十秒钟，赢得观众的惊叹和掌声。我于此类无用的"绝活"，一向不以为然，视作现代卖油翁而已，若说有点收获，是由此了解做成一盘龙虾刺身原来那么不容易，即使不蒙眼不倒挂。要不怎么会从龙虾下手而不是去切年糕片儿？

龙虾这种东西，一身盔甲，张牙舞爪，形象很差，我总觉得它好像从来没有童年似的，老头儿一个。人们常说"老态龙钟"，真是恰当极了。所以，一般人是不会从水产柜买只龙虾回家弄了吃的。上门做客送礼的，看见过有人提着鸡、鸭、鱼、肉、蛋，乃至螃蟹、甲鱼等等，就是没有网只龙虾登门的。没有人会对好东西不动心，放弃只是因为对它不知怎么办。

龙虾是中国人的叫法，因为它确实有点像中国传说中的龙，但外国人对于中国人虚拟出来的龙印象淡漠，不大可能把它定义为"像龙一样的虾"，虽然外国也有"龙"（dragon），只是另有范儿

（类似蜥蜴）。龙虾并非中土特产，世界上最有经济价值的龙虾不在我国，外国人怎么会跟着我们叫？估计自有说法。

龙虾身上有许多令我们惊讶不已的"德行"，比如原先我以为食物当中，乌龟要算是高寿的了，孰料龙虾也是"老寿星"。前不久有报道说，一对英国夫妇捕到的一只龙虾，年龄有 100 岁。而历史上有过记录的龙虾，或有 140 岁，或有 1.2 米长，或有 20 公斤重。如果谁逮着这类龙虾，估计不会为难它，毕竟，"啃老"总不那么光彩。

有谁知道龙虾的牙齿长在哪里？别胡来！肯定不在虾螯上，也不在你能想象的头部嘴巴的什么部位，天哪！它的牙齿居然长在胃里。

这真是一件好玩的东西。

尽管好玩，没有人会把龙虾当成一条金鱼来养，因为它的美味使人情不自禁地要它的命。有的人非常在乎龙虾的大小，自然也是对的，因为这牵涉到"几吃"，如果又要刺身，还得烧成泡饭，那非得两斤半以上不可。而龙虾的新鲜度如何，一般人却懒得关心，多半以为活的就没问题，其实这太重要了。有经验的人会用手指轻轻刮擦其背上靠近头颈处的"脊椎"（神经系统集中区），龙虾被刺激后若来回扭动，说明新鲜有加，烹调后的味道肯定不错。而事实上没有多少人愿意那么干，所以只能受门槛贼精的店伙摆布。

上海餐馆里以澳龙（澳大利亚龙虾）为多，似乎是航班和人员往来较多的缘故。还有一点恐怕是进价相对较低。著名葡萄酒专家张建雄先生 2002 年写的《墨尔本美食行》一文中说，那里的龙虾才十澳元一只（一斤？——笔者存疑），以现在较高的汇率折算，六十元人民币而已。去年笔者到澳洲，无论公家还是私家宴请，总少不了一道黄油焗龙虾，吃得都有点腻了。暗底里打听行情，约合人民币三四百元一道。叫一只龙虾，再配一两只菜，足够应付一次小型的宴请。上海餐馆里的澳龙，差不多要上千元一公斤。内地一些城市，比沿海城市又贵了将近一倍。

龙虾吃法不多，基本上就是刺身、焗龙虾、白灼龙虾和蒸龙虾那么几种。有的还用上汤、黄油、芝士煨面，做成伊面龙虾，是餐桌上流行的吃法。蒸龙虾可用豉汁、蒜茸或剁椒，自有一种味道。更多的人喜欢做成刺身，放在一只"龙船"上，还要装配一只挖空的龙虾外壳，以示正宗和美观，显摆得很。加拿大则流行清蒸后蘸黄油吃，堪称"中西结合"。

和任何贵重的海鲜一样，保持龙虾原味的烹饪永远不会错。

有一种龙虾吃法是专门吃大螯里面的肉。想吃的话，龙虾须取之于加拿大或美国，其他地方的少有大螯；有的即使有，往往丧失或落单，原因是龙虾喜欢打架而折戟。

龙虾沙拉深受洋人青睐：龙虾尾肉几片冰镇，放回虾壳，生菜打底，放鲜橙、西柚、圣女果，淋橄榄油，再加辣椒碎粒和脆热的咸肉丁，浇以什锦混合汁，非常好吃。国人恐怕少有兴趣，我们是讲排场的，既然点了龙虾，那就一定得全身而进，否则难免被人腹诽。

现在市场上的龙虾，基本上来自澳洲和加拿大，澳龙厚实壮硕，加龙细腻甜润。当然，如嫌龙虾昂贵，可去寿宁路吃十三香小龙虾，"意淫"一下大龙虾也无妨，虽然它们其实是八竿子打不到一块儿、像"龙"的虾。

蚝客

　　饭局上，只要上生蚝，难免有好事者脸上泛着诡异的笑容，劝同席的男士们"多吃"，态度虽然暧昧，但他的潜台词大家都能听懂。以前，我总觉得这不过是一些被放大了的民间传说，聊博众人一粲而已。写这篇文章前，为不致信口开河误导读者，我特地查了一下资料，发现那些"暧昧"倒不见得毫无由来。

　　生蚝，欧洲人称作"海洋牛奶"，日本称作"根之源"，中国古代典籍则有"纯雄无雌，独此化生"的记载，都在说明其补肾的效果。现代医学也证明，生蚝富含荷尔蒙，是生物界含锌量最高的食物……

　　欧洲人很早就认识了生蚝的所谓"壮阳"的价值，据说17—18世纪，欧洲一些男性经常聚于密室，举行一种食蚝仪式，目的当然不言而喻。学者考证，凯撒大帝谋攻英格兰，意在攫取泰晤士河里的生蚝。难以置信，难道他还搞不定克莉奥佩特拉？而拿破仑喜欢在战场上大啖生蚝，恐怕也假不了。这位小个子的军事家也许想让自己的身材更伟岸些，以与他的丰功相应。

　　对于生蚝，只要在中学课本里读过莫泊桑《我的叔叔于勒》，就可知于勒卖的牡蛎，其实就是生蚝。小说描写道："一个衣服褴褛的年老水手拿小刀撬开牡蛎，递给了两位先生，再由他们传给两位太太。他们的吃法也很文雅，一方精致的手帕托着蛎壳，把嘴稍稍向前伸着，免得弄脏了衣服，然后嘴很快地微微一动就把汁水喝了进去，蛎壳就扔在海里……"

由此，生蚝给我留下较深印象的有两点：一是似乎不大，嘴"微微一动"，"就把汁水喝了进去"；二是蚝肉无用。后来接触到了生蚝，感到小说里的描写有点不可理喻：首先，生蚝不小，至少有掌心那么大；其次，汁水固然美味，品尝蚝肉才是要务。现在才知道，生蚝的品种繁多，小说中两位太太吃的，应该是一种比较小的法国生蚝。听说，有人一下子可吃几十个，证明它应该不很大。至于为什么光喝汁不吃肉，只能推理为一种"贵族吃法"。

人们给予那些嗜好生蚝的人一个特别称呼——蚝客，这就把那一"人群"提升到了和股民、黑客、烟鬼、酒徒相提并论了。

我见识过一些"蚝客"。至少四年之前，当时还开在鸿翔百货楼上现已他迁的博世凯食肆举办"加拿大海鲜节"，加国驻沪领事等都到场了，自然是名贵深水海鲜杂陈，其中就有生蚝，其个头之大，略当于一个虎口，为我前所未见。席中一位仁兄慨叹：像这样的生蚝，我一下可食十只！我非常惊诧于他的"能吃"，正好自己对此没什么兴趣，当即表示愿意贡献。那位仁兄不住地说："开玩笑，开玩笑。"看得出，其实他是很"觊觎"的。某次，朋友聚餐，我把那件轶事跟生民兄"汇报"，他一听，说："这有什么稀奇？我有个朋友一顿可吃四十只呢！"

吃生蚝以"只"论，不尽允当，盖大小无可判定，不堪比拟。

但有一个蚝客，却是大家都买账的。据说香港有名的吃生蚝的所在，是位于跑马地奕荫街的一家临街小铺，叫 Oyster Express（生蚝速递），老板娘最为自豪的，是曾在争夺生蚝代理权的比赛中，一口气吃了 99 只生蚝。

世上濒海国家很多，多少产些生蚝，但品质优异者，却只产于几个国家的某个地方，比如法国贝隆生蚝、美国熊本生蚝、澳洲悉尼岩蚝以及加拿大、新西兰、日本等地；中国的湛江蚝、珠海横琴蚝、青岛蚝等，都不适于生吃，只能用来做炭烤。

生蚝吃法众多，日本人用生蚝裹面粉油炸，中国沿海一带煮食和蒸食都有，最有名气的，还数台海一带的蚵仔煎（小生蚝和鸡蛋或鸭蛋合作，油煎，再加各色作料）。以前，我对于蚵仔煎颇多耳食，就是无缘口尝。半年前，上海老城隍庙举行全国名小吃展览，我轻舒猿臂，总算如愿。实话实说，比想象的要逊色得多。油煎之类，高明的蚝客是不屑的，他们认同的最高境界就是生食。生蚝之谓，早就开宗明义了。况且，生蚝在中国有"太真乳"（杨贵妃的乳房）之称，用油一炸，那种白嫩丰润的感觉就没有了。

我对于生蚝并没多大兴趣，不知是因为自己味蕾迟钝以致对食物缺少敏感，还是因为与真正的美食缘吝一面。但老天对我还算怜恤，日前在一家台湾人开的海鲜餐馆吃到两只硕大的加拿大生蚝，捧在手里，有捧着一顶 M 号拿破仑军帽的感觉。一只佐以日式五味酱，一只佐以柠汁芥泥酱，色彩缤纷，可口复可爱，一举改变我对于生蚝之"傲慢与偏见"。食竟，意犹未尽："曾经沧海难为水"，只不知在这之后，不佞还有这种口福吗？颇有以"蚝客"自居的意思了。

鲞里不鲞亲

◆　　　　　　◆

　　日前到菜场买点小菜，急匆匆间，在门口与一样肉瘩瘩白乎乎的东西擦肩而过，一吓，回眸一看，原来是一条风干的鳗鱼挂在上面！其长一米七，宽达五十厘米，堪称菜场里的航母。

　　惊骇之余，猛然想起：要过年了。

　　现在，大家抱怨年味越来越淡，这是实情。从前排队办年货等的"盛况"，已极少见。如今物质丰富、服务业发达，过年如度周末，如果认为重现以前的"盛况"才能激发"年味"的话，我以为还是不要这样的"年味"为好。

　　我发现几乎没有什么地方、什么方面能够完整地复制过去的"年味"，勉强可以传递一点点意思的，便是菜场的鱼档为顾客忙着做一些鱼的腌制和风干的活儿。过年的气氛，是从这里弥漫开来的。

　　腌渍和风干之后的鱼，人们给它起了一个让人望文既不能生义又义项多元的字——鲞。望文不能生义，是指如果没有烹饪和鱼类知识，无法知其为何物；多元，是指鲞的外延大，其基本义项就有两个：剖开晾干的鱼；泛指成片的腌腊食品。鲞，当然还另有所指。

　　20世纪80年代初，北京有名的"来今雨轩"，曾仿《红楼梦》中一道名菜茄鲞招待一些"红学家"。但学者吃后都翻了毛腔，觉得不好吃。

那么问题出在哪儿呢？

我们先来看《红楼梦》里的描述，第四十一回，凤姐对刘姥姥笑道："这也不难。你把才下来的茄子，把皮签了，只要净肉，切成碎丁子，用油炸了；再用鸡脯子肉并香菌、新笋、蘑菇、五香豆腐干、各色干果子俱切成丁子，用鸡汤煨干，将香油一收，外加糟油一拌，盛在瓷罐子里封严。要吃时用炒的鸡爪一拌，就是。"显然，这里的茄鲞，缺少了一个重要环节——风干，当然就不好吃了。

以上所引，是庚辰本的《红楼梦》，但在戚蓼生序的本子里，则有"把四五月里的新茄苞儿摘下来……晒干了"的句子。"晒干"是关键词。看来曹雪芹没错。清代《农圃便览》"茄鲞条"："将茄子煮半熟，使板压扁，微盐拌，腌二日；取晒干，放好卤酱上面，露一宿，瓷器收。"完全可以作为旁证。

茄鲞这种吃法，上海一带很少采用，更多的是吃鱼鲞。鱼鲞的主要品种有鳗鲞、黄鱼鲞、鲨鱼鲞、螟脯鲞（乌贼等）、乌狼鲞等，上海人比较常吃的是三样：鳗鲞、黄鱼鲞、螟脯鲞。在"文革"后期，鳗鲞少见，黄鱼鲞、螟脯鲞却毫不稀奇。时光流转，自从大黄鱼从一般人家的餐桌上消失之后，黄鱼鲞变得金贵起来，这当然是滥捕的结果。当下我们经常能吃到的，却是鳗鲞和用青鱼做的鱼鲞。

也真是怪，春节前大家轰轰烈烈做的鱼鲞，节内基本不上台面，往往要待到夏季享用，大有"反季"的味道。可能是冬季适合制作鱼鲞，便于腌制风干贮存。

宁绍人吃鱼鲞大致有两种吃法：一是切块后隔水蒸，蘸醋；一是切块后烧肉。这两款菜可谓风味十足，是最佳的下酒菜。我的体会是，鳗鲞之类下酒固然上佳，只是略嫌偏咸，要说绝配，非过泡饭（粥稍逊）者无以望其项背。

另一种叫鲞的其实是一种鱼，上海人称之为鲞鱼。它与腌制、风干之类无涉。只有咸鲞鱼才略有搭界。我小时候，小菜场里高档鱼不大有，像黄鱼、鲳鱼、带鱼、马鲛鱼等都很常见，最蹩脚的鱼便是鲞鱼。倘若是小鲞鱼，则肉俭而刺丰，让我非常害怕，从不敢向它示爱。其样子、味道，颇似秋刀鱼，据说肉质极其鲜美细嫩。我有个亲戚，最喜欢吃这种"价廉物美"的鲞鱼，一筷下去，顷刻可从口中排出一梭细刺，从不失"口"，让人羡慕。

鲞鱼有个比较学术性的名字叫鰳鱼，《本草纲目》："以其腹下有刺勒（划伤——笔者注）人，故曰勒。"或曰一名肋鱼，清李元《蠕范·物候》："鰳鱼，勒鱼也，肋鱼也。似鲥，小首细鳞，腹下有硬刺，常以四月至海上，渔人听水声取之。"眉目清楚，但仍有许多人搞不大清楚。

前几天，家里得着一箱海鲜礼盒，品种繁多。所附目录中有"力鱼两条"，该鱼体量很大，我和太太均不知其为何物。纳闷了半天，她说："该不是鲥鱼吧？看着像呢。"家里人少，存了点私心，好东西要留着自己吃，余下的黄鱼、鲳鱼、鳗鱼之类，便悉数送了人。

今天，因为要写这篇文章，忽然想起这件事，顿起疑心：这力鱼，该不是鰳鱼或勒鱼的错别字啊？如是，那还不是鲞鱼吗？——我最不喜欢吃了！不禁胸闷起来。

鲃肺之辩

◆　　　　　　　◆

大约在 2000 年的时候，"夜光杯"上刊出老作家周劭谈"鲃肺汤"的文章，说是鲃鱼即是斑鱼，也即是石斑鱼，不料竟引来了一场小小的争论。焦点在于鲃鱼究竟为何鱼？鲃肺究竟为何物？来来去去五六回合，最后是一位自称"渔家女"的作者"一锤定音"——鲃鱼就是小河豚鱼，争论才暂告段落。我想，大概是因为作者的经历使没有渔家生活的人觉得自己持论无据，不够再坚持的本钱了。

其实，问题并没解决。最关键的一点是，既然是小河豚鱼，是否意味着其可以长成大河豚鱼？也许，读者诸君要笑：这不是废话吗！小老虎长成大老虎，还有错吗？且慢。我再问一句：小熊猫（不是小的熊猫）是否能长成大熊猫？回答是否定的，因为它们是不同的物种。因此，小河豚鱼，也并不一定就是河豚鱼，它不过是看上去像小的河豚鱼罢了，不能和河豚鱼等量齐观。"渔家女"只是凭感觉推断。试想一下，倘若人们吃的鲃肺汤居然就是河豚鱼汤，店家不照会，有关部门几十年来装聋作哑，那还了得！还有一点，既然是河豚鱼，就应当承认它的"血脉所系"，何必另外造册，别出心裁？

小河豚鱼只是鲃鱼的俗称，事实上，连鲃鱼这个名称也是民间胡乱叫的。所谓鲃鱼，在鱼的分类学上没有一席之地；不仅如此，此鱼究竟怎么称呼，坊间也不一致，什么鲃鱼、斑鱼、鲶鱼、鲅鱼、河豚鱼、泡泡鱼……

生物学上怎么定义这种太湖特产？我不清楚，也懒得查，即使查也未必有此名目。有一点是肯定的，即鲃乃是别字。那么，鲃鱼这个名称又是从何而来呢？原来，20世纪20年代末，国民党元老李根源先生致仕姑苏，有一年邀同是国民党元老的于右任先生到木渎游玩，并在石家饭店为之洗尘。右老喝到一碗鱼汤，顿觉齿颊溢香，于是向堂倌求问汤名。堂倌以吴语应答曰"斑肝汤"。右老是陕西三原人，不辨吴侬软语，竟把"斑"听成了"鲃"，把"肝"误为了"肺"，还乘兴作诗一首："老桂花开天下香，看花走遍太湖旁。归舟木渎犹堪记，多谢石家鲃肺汤。""鲃肺汤"之名由此传扬。

当初右老乃信笔挥洒，自然不够权威；至于那位渔家女，似乎不是生物解剖学家或遗传学家出身，也不算数。但我们只能入乡随俗，姑且把这种鱼称作"斑鱼"吧，尽管世界上有斑点的鱼何止恒河沙数。有则姑苏民谚说得明白："春天河豚拼命吃，秋时享福吃斑肝。"可知，鲃鱼和河豚，是两股道上跑的车，它和斑鱼倒是像模像样有那么回事了。

或曰：鱼有鳃无肺，何来鲃肺？岂不是瞎扯！我以为这里边有"胡闹"的成分（比如右老），也有习俗使然。苏浙一带，把鱼肝当作鱼肺来看，并非独此一家。从前上海老正兴有道名菜叫做"青鱼秃肺"，老吃客是耳熟能详的，"秃肺"原是"秃肝"之转，故有典可数。

说起斑肝汤，实在颇有渊源。清代名士李渔、朱彝尊、袁枚等都提到过，并且记有详赡的做法。朱彝尊《食宪鸿秘》中有"斑鱼"条，曰："拣不束腰者（束腰有毒）剥去皮杂，洗净。先将肺同木花入清水浸半日，与鱼同煮……"真是怪啊，竹垞先生何等博学，居然一"肺"到底！袁枚是真正的美食家加烹饪大师，是绝不肯让人笑话"肺""肝"不分的，在《随园食单》里，他证明了自己的高明。

周劭先生年轻时负笈东吴，以米寿下世。生前神往于"前生合是采莲人，门前一片横塘水，横塘双桨去如飞，何处豪家强载归"（吴梅村记陈圆圆事）的风致，却一直无福去门口就是横塘的石家饭店吃一口鲃肺汤，念兹在兹。也难怪，鲃鱼只于每年中秋前后现世，而周公每每错失良机。余虽不才，口福却不浅，三到木渎，三尝鲃肺。虽然此物难说珍馐，但沟为美食，绝不使人餍足。眼下正是品鲃良辰，食时当记"肺冷汤热"之诀，即所谓"肺泡"（鱼肝）要从汤盅取出，另盛一处待凉后食，汤则要趁热吃。如此炎凉相济，方得至味。

三四年前，石家饭店一盅鲃肺汤索价三十元，现在恐怕翻一倍也打不住了。成名需趁早，品尝美食也要赶紧呢！

吃蟹

我不知道那些对于蟹（清水大闸蟹）抱有敬畏之心、从未想过"问鼎一脔"的人，会以怎样的心态揣度吃蟹者的德行。

多年以前，我到柬埔寨旅行，一名年轻的华裔导游，每每车经农贸市场就要喊"下车"。不过几分钟，上得车来，就从小马甲袋里拿出蟑螂啦蚂蚱啦大蜘蛛等昆虫来大嚼，这很使我心惊肉跳。他还不时向我"邀宠"："您要不要尝尝？"我当然是敬谢不敏，心想：这也忒野蛮点了！

如果有对蟹作为美味佳肴一无所知的人，看着我把一只蟹大卸八块，手掰口咬，吃得津津有味的话，一定也会目瞪口呆，肯定觉得我们是茹毛饮血的族群。

鲁迅很佩服第一个敢于吃蟹的人，称之为英雄；对于第一个吃蟑螂的人，他会怎么看？可惜他老人家没有表示，我们也不会替他追谥，或者曰"英雌"，因为我们并不认同。我们只认同吃蟹者——同是天涯吃蟹人嘛。

庄子曰："子非我，安知我不知鱼之乐？"在饮食上，我们确实不必老是从自己的经验出发来考量别人吃得是否合理，推导饮食的公式。在这上面，有时是一种嗜好在起作用，甚至只是一种集体无意识。单从吃蟹这一点看，道理不言而喻。

有位朋友请北方的客户吃饭，为表盛情，特地每人点了一对大闸蟹，外加几个荤素小菜。结果，北方客要么乱嚼一气，"血肉模糊"；要么王顾左右，"举手投降"。事后，朋友变成了"祥林嫂"到处讲："迭帮人哪能介戇啊，蟹也吃不来，作孽！"北方人也不爽："这是咋的啦？就俩小螃蟹把咱打发了啊，真不够哥们！"

蟹究竟好不好吃，那得由喜欢吃的人说了算，但不喜欢吃的人同样说了也算，没什么商量的必要。

我于饭局上的规矩向来主张宽松。凑在一起吃饭本来就是一项放松的娱乐活动，何必像觐见皇帝那样一丝不苟。然而说到吃蟹，有"野芹"两条贡献焉：

一是把握节奏。有的人吃蟹如风卷残云，别人尚未敲骨吸髓，他已坟起一堆，无事可干，嘿然笑傲众人之迟钝。他人见之，压力顿生，耻于落第，于是衔"枚"疾进，鸦雀无声，三口并作两口，失之于"品"。吃蟹最宜谈笑风生，最忌埋头苦干。我们又不是参加径赛，越快越好；也不是扣篮，分拿得越多越好。事实上，吃蟹乃是"割据势力"分而治之。贪多无凭，贪快更无益。自然，过分延宕亦失之厚道。别人已经消灭两只整蟹，你则刚刚吃完两枚蟹螯，人家只好对你大眼瞪小眼，好像在看吃蟹表演，耽误了下面的"节目"。吃蟹不是参加特奥会，只要坚持到底，就有奖牌可拿，也得虑及一众人马之情绪。

二是力戒浮躁。吃蟹是风雅事，不可作一蹴而就之非分之想。有的人吃蟹，耐心全无，稍有难取之处，便抓耳挠腮，骂骂咧咧，或"乱嚼西瓜子"，或干脆弃之如敝屣。吃相可见人性。暴殄天物事小，毁人业务事大。我若为老板，一定请他转岗做"快递"，与神行太保戴宗为伍。至于有的人喜欢吃蟹斗啜蟹粉而厌烦于亲自动手者，或可建议不必每日进饭而转吊葡萄糖也。一笑。

吃蟹续谈

◆　　　　　　　　　　◆

前回我胡诌了一通吃蟹的见闻和见识，间以东方朔的笔法，不想竟引来一些朋友的共鸣，有个极相知的朋友甚至坦陈自己便是"乱嚼派"，但听上去好像没什么愧怍的意思。我觉得这是一种很好的态度。我们不必为自己作出的选择而不安，相反，对任何无明显有害的事物都有兴趣尝试一下，恰恰是有智慧，有胆识，有胸襟的表现。

现在正是"壳薄胭脂染，膏腴琥珀凝"的吃蟹佳季，居家小酌，公务宴请，有几只蟹脚扳扳，便是上了档次。只是，有道是"看菜吃饭"，请人吃蟹，也得看对象，否则难免吃力不讨好。

我吃过一次蟹宴，座中居然还有外国人。只见两个老外毫不迟疑地把蟹的膏和黄剔出扔掉，或许在他们看来，这些东西正是健康的大敌；在我们看来，没了膏黄，吃蟹的品位至少降低六成。而现场效果明白无误地传达出这样的信息：我们真是太馋了，馋到了近于饮鸩止渴的地步！这种架着显微镜吃饭的场面，很让人扫兴。

还有一种吃蟹氛围也常常令我丧气。一桌人吃蟹，大家按部就班走程序。将两只蟹钳收拾清爽之后，我猛然发现，在座的大多数人早已金盆洗手消停下来；再一看他们门前，敢情八跪二螯，仍为毛发未损之"整编师"！暗忖良久，不得其解；后顿然憬悟：莫非因为怕吃蟹脚致吃相不雅而歇搁？想想自己那副锱铢必较、张牙舞爪的认真劲儿，相比之下，境界不是太小了点吗？转念一想，不对呀，吃蟹不吃蟹脚还叫吃蟹吗？要不然古人何必发明所谓"蟹八件"呢！从前的吃客，以蟹之残骸拼接成一只完整的蟹形而备受推崇；我们小的时候，父母用蟹螯拼成蝴蝶给我们玩……如果不把蟹吃得干干净净，办得到吗？

吃蟹虽然不过是吃里边众多"子系统"中的一个，但"链条"相当完整，牵涉到养、捕、贮、烧、调、吃等各种"兵法"，学问不少。那些精于吃且勤于思的人，总能尝到人间至味。

烧蟹向来有"蒸派"和"煮派"的分野。居家吃蟹，倘若取"蒸法"，其结果往往偏于老结，失之润滑；倘若取"煮法"，下场便是膏黄外泄，肉质懈怠，故难得圆满。有个朋友喜欢吃蟹，也烧得好，秘诀在于：取一只高质量的大口径平底不锈钢炒锅，将蟹肚皮朝天放入，放水至蟹背（不浸没蟹背），用白葡萄酒或啤酒浇淋若干（不用黄酒，因其味过烈也），上火。这样烧出来的蟹，既有煮的优点，又不失蒸的好处，确实好吃。

想起来也真是感慨：有的人一辈子墨守成规，一辈子都在吃不地道的菜肴，又一辈子在不断地抱怨没好东西吃，可就是一辈子不肯改变思路，创新求异，活生生错失了人间美好的享受。这虽然不能说是悲剧，但肯定不是喜剧。

吃蟹如此，做人也许差不多吧。

清醽肥膻

钱锺书有句「名言」常常被人津津乐道，大意是：「假如你吃了个鸡蛋觉得不错，何必认识那只下蛋的母鸡。」很多人对于这句话很是折服。但美食家对此不能接受，甚至认为这是完全错误的。

喜欢吃鸡

鸡鸭敌体。敌体，是彼此无上下尊卑之分的文绉绉的说法。《白虎通·王者不臣》中说："诸父诸兄者亲，与己父兄有敌体之义也。"若还觉得意思不够清晰，到通俗小说《好逑传》里："你既娶我来，我就是与你敌体的夫妻了。"就大白话了。

其实，这个词还有一层重要的含义没有被揭示出来，那就是互为对立又互为依存的关系。

鸡和鸭，虽然没有昼夜、雌雄、冬夏、悲喜那么界限分明，但基本上和清晨与黄昏、飞禽与走兽、高山与深海、家养与野生等相类似，有一点背离，却不构成严格的"反义"关系，存在较为紧密的关联：你有老鸭汤，我有母鸡汤；你有烤鸭，我有烧鸡；你有盐水鸭，我有白斩鸡；你有鸭脚包，我有辣凤爪；你买鸭胗肝，我卖鸡胗皮；你啃你的鸭头颈，我咬我的鸡大腿；你吃你的鸭头鸭屁股，我揾我的鸡头鸡屁股；你怕发，只吃鸭；我畏寒，补靠鸡。中医开鸭方，西医荐鸡精；鸭婉约，鸡刚烈；鸭恋水，鸡乐山；你咏你的"春江水暖鸭先知"，我吟我的"一唱雄鸡天下白"；鸭主阴，鸡主阳，最可怪的是：商女曰鸡，商男曰鸭，真是颠倒乾坤。总之，有鸭必有鸡。

在人的眼睛里，鸭是颟顸笨拙的象征，而鸡则是机智灵敏的典型。鸭有从众意识，鸡则有独立精神。所以，在中外文化人笔下，鸡的形象往往比较正面，因为这里面有艺术家的情感灌注。我们可以做个有心人，统计一下，中国古代诗词当中涉及"鸡"的句子有多少，涉及"鸭"的句子又有多少。我作一大胆的臆测，"鸡"的风头应该盖过"鸭"。我们不妨再来看看近现代画家中的画鸡高手——齐白石、徐悲鸿、陈大羽、唐云、程十发……至于画鸭的高手，恕我孤陋寡闻，居然不能列举！

在这种文化背景下，中国老百姓对于"鸡"的认同，实在要比"鸭"来得深刻，也就影响了饮食习惯的积淀——吃鸡胜于吃鸭。

以前从上海到新疆，要走京沪——陇海——兰新几条铁路，最是费时、难熬、艰苦。近三十年前，我还不及"弱冠"，就已趴在这"西去列车的窗口"边用好奇眼光打量昏黄、质朴的风景，但真正使我惊讶不已的却是沿线站台上、铁轨边到处都是卖烧鸡的老乡，尤其以安徽、河南境内为甚。原来，这两个地方正是符离集烧鸡和滑县道口烧鸡的故乡。几乎所有的窗口都有旅客探出身子，一手拿住老乡踮着脚递来的一包烧鸡，一手把钱丢在他们的手心里。由于成交多、停车时间短，这种交易只在瞬间完成。我很担心：旅客会不会在列车启动时拿了烧鸡不给钱，或者老乡拿了钱不给鸡，乃至以次允好？老乘客们的回答是："哪里会！双方都是最讲信用的，否则生意会这么长久？"虽然，这是一次乏味的旅程，但因为有了烧鸡，香气弥漫，车厢里洋溢着乐观和轻松的气氛。

烧鸡要比餐车上的菜肴经济实惠得多。除"色、香、味"外，那些烧鸡在"形"上，也颇有讲究。一般如符离集烧鸡一定要做以下的"功课"，即，用刀背敲断鸡的大腿骨，从肛门上边开口处把两只腿交叉插入鸡腹内；再将右翅膀从宰杀的刀口处穿入，使翅膀尖从鸡嘴露出。鸡头弯回别在鸡膀下边，左膀向里别在背上，与右膀呈一直线，最后将鸡腹内两只鸡爪撑开，顶住鸡腹。这种工序专业术语叫"别"，主要是为了成批卤煮的方便和用以"撑鸡造型"。

由此，我见识了中国人对于鸡的近似疯狂的偏好。据传，当年肯德基、麦当劳之所以敢在还不富裕的中国"砸钱开店"，正是看准了中国人喜欢吃鸡！

打破鸡蛋问到底

◆　　　　　　　　　　◆

　　钱锺书有句"名言"常常被人津津乐道，大意是，假如你吃了个鸡蛋觉得不错，何必认识那只下蛋的母鸡？很多人对于这句话很是折服。但美食家对此不能接受，甚至认为这是完全错误的——吃到不错的鸡蛋，自然要关心它是哪只鸡生的，这样以后才有可能再次品尝；也许那只生了"不错的鸡蛋"的鸡，可以用来做成一道非常鲜美的好菜，又怎么可以不闻不问？知道了那只好鸡是哪里出产的，不就可以锁定目标，趋前采购，满足日常口福吗？

　　围桌聚餐，最讲实际。吃到好菜，一般不会首先想起"普天下还有多少劳动人民在挨饿"，或者"一粥一茶，当思来之不易"，这样，岂不是有点矫情！而是要探究一下：这菜是怎么做的？谁做的？材料来自何处？自己家里面做得了吗？谁能教教我？吃，是人的本能；择优而食，也是人的本能。因此，由鸡蛋而生蛋的鸡而鸡的产地，作一番"索隐"，过分吗？默存先生倘若没有那种由"蛋"而"鸡"的考据功夫，能做得出那卷《宋诗选注》？要不然，他老先生一定是"克莱登大学毕业"的。

　　近些年，我和亲朋好友下馆子，多半要在菜单上"鸡"的栏目里踟蹰再三，举棋不定。我的那点心思，早就被一旁的服务生窥

48

破："先生，阿拉格搭的鸡老好额，真正的草鸡，是阿拉专门从安徽订货额，侬放心。"还有什么可说的呢？下单吧。安徽嘛，革命老区多，当然还不很富裕，鸡，多半要学着"自给自足"，散养的可能性大。如果服务生嘴巴豁边，往大里说，称鸡是从美国进口的，等于是豪宴中上了一道肯德基，那哪成啊。

现在吃只鸡，不像三四十年前，凭票，排队，还是冷气的，困难得很，但要吃到好一点的鸡，也并不容易。小菜场里卖鸡的小姑娘，把鸡分成鸡、草鸡、真正草鸡、真正老母草鸡几个档次，价钱也是三六九等。见你"检阅"鸡们多时，她们便捉起一只，拨开头颈中的毛，露出粉红皮肤，或捏起两只脚爪，显出蜡黄的颜色——这一切，都在证明它的土，它的草。买回家一烧，你期待已久的黄澄澄的鸡油终于没有出现，倒是成就了一锅乳白色的汤，就像在炖小排骨；或是黄澄澄的一片，只是没有草鸡特有的清香，哦，大概是忘了把满腹的肥油取出了。我可以想象你的沮丧和愤怒。

当然，没错，这是草鸡，只不过你不太认识，这能怪谁呢？对于相当多的上海人来说，判断是否草鸡，指示竟是看上去比较"凶"！

以草鸡为号召的餐馆，照例在你翻开菜单的一刹那，立马推荐一款"乡下草鸡"，这是有底气的表现；其他于"鸡"不置一词或支支吾吾者，十九与"草"无缘。我有这方面的经验和教训，可供看客参考。

我对于欧美人欢庆圣诞时一家几口围着一只硕大的火鸡洋溢出欣喜若狂，实在难以理解。无法想象，一把小洋刀插进火鸡的肌肉里而不能穿透其胸腔，让中国人，尤其是吃鸡讲究细、嫩、滑、鲜的上海人怎么能接受？我们有理由认为那些洋人的治馔水平，大概还停留在拜占庭时期初叶，说起来真让人自豪，那时只略当于我国的晋朝。

为什么风靡一时的小绍兴三黄鸡被振鼎鸡"啄"得黯然神伤？不是因为鸡，而是营销模式的失败。相比之下，振鼎鸡更像是量贩式KTV，而小绍兴就有点像唱堂会。如果你是为了欣赏鸡的品质而不是懒得开火仓去"解决肚子问题"，我建议你去小绍兴。我想，大概你已经很多年没有闻过小绍兴的鸡香了吧。

不厌其烦的烤鸭

从又俏的文章中得知，全聚德从今年开始，要大力推广用电子傻瓜烤炉做烤鸭。有消息称，全聚德已跟德国技术合作，联手研究出了专门的电子傻瓜烤鸭炉，要与传统的挂炉烤鸭说拜拜了。对于有人提出"那不是果木烤的，没有那香味怎么办呢"的诘问，店家解释说："没关系，用电炉子之前，咱们会先刷一层果汁，其实也就差不多吧。"全聚德总经理甚至说，电子烤炉在保证质量的同时，又简化了烤制程序，实现了烤鸭的标准化和自动化。他还特别补充说，人工果木烤鸭产生烟雾，特别不环保，而电子烤鸭就特别环保……

对此，我有一个遗憾，一个担心，一个不爽。遗憾的是：再也吃不到原先储存在脑子里的正宗北京烤鸭的味道了，尽管有关人士有"差不多"之辩，但"原味"毕竟不能复制；担心的是："自动化"之后，烤炉普及，全民参与，全聚德还有存在的必要吗；不爽的是：难道京城里的烤鸭店比汽车还多，成了污染环境的元凶！于是要"宁可玉碎，不为瓦全"了。

全聚德烤鸭之所以享有盛誉，关键在于其工艺复杂、制作考究、保持传统。前几年，上海好多大街旁都放着一只炮仗炉子、一张桌子卖所谓"挂炉烤鸭",虽然不乏问津者,但谁也不会把它与全聚德一视同仁。至于今后会不会等量齐观,实在难说了。

唐鲁孙先生曾介绍说,当年北京烤鸭最为出色的店家不是全聚德,而是便宜坊。其填烤均有秘不示人的手法,如高粱面肥干的比例,什么时候渗榨(放黄酒),专人专事,鸭子肥瘦,可以用秤来称,但肉的嫩老,全凭师傅在嗉子下的三叉骨上摸摸软硬来决定。凡是不合标准的鸭子,决不上炉。烤鸭权威庞师傅总结说:"要吃好烤鸭,一定得选个大晴天,鸭子收拾干净后,先用吹针把皮肉相连的地方吹鼓起来,要吹得匀、吹得透,然后把鸭子挂在阴凉的地方过风,让小风把鸭皮尽量吹干,烤出来的鸭皮才能松脆酥美……"(便宜坊在日寇侵陵后关店明志,全聚德遂取而代之)

可见,要做成一味美味佳肴,程序繁复,"自动化"未必胜过"手工化"。我相信全聚德的烤鸭肯定胜过路边摊的烤鸭,而便宜坊的烤鸭一定胜过全聚德的烤鸭。因为后者没有前者那么讲究,或者说那么烦。店家在省略了时间、简化了工序的同时,一定削弱了味道。其他行当我不敢说,就餐饮业而言,让人觉得"烦"的工艺,一定产生美好的享受,反之则一定逊色。

世界上喜欢吃鸭的民族不多,能够做出好吃鸭子的国家也不多,中国和法国,算是佼佼者。法国银塔餐厅以榨血鸭闻名于世400年。据说它只采用鲁昂种的鸭子,标准是两公斤重的半成鸭,而且必须掐死没有放血才行。先烤20分钟,然后去皮,片下几乎全生的胸肉,剩余的肉和骨头用榨鸭器榨出血汁,放入浓稠的酱汁中煮成调酱,最后直接淋在鸭胸肉片上将肉煮熟。酱汁中加了红酒、白兰地、波特酒、小牛高汤与鸭血和鸭肝等材料。红酒则非上好年份的波尔多、勃艮第的顶级品不办。由于食者趋之若鹜而产量有限，店家为防止粗制滥造和被人模仿坏了名声，遂采用编号形式售鸭，决不含糊。有的人为了吃到那几片烤鸭，居然等了两年时间才叫到号……

相比之下，我们是否太走捷径了一点？尽管是以环保或现代化的名义。

烈火中永生

如果说天安门是中国政体的象征，熊猫是中华民族的象征，那么烤鸭应该是中华料理的象征了。

中国人喜欢吃烤鸭。在饭局上，尽管山珍海错一大桌，但只要有烤鸭，胃纳再差的朋友还是愿意尝鼎一脔的。

据说，当初北京烤鸭落户新大陆之际，美国人视之为"另类"，便以美国食品法（凡肉类，必须保存在5℃以下或60℃以上，否则以违法论处。北京烤鸭的温度不可能在这个区间内）衡之，予以禁止。后来几经交涉、医学检测，证明于卫生无碍，且更得益于检察官亲口品尝之后，觉得美味逾常，打耳光也不肯放，北京烤鸭于是风靡世界。

北京烤鸭，顾名思义，乃是北京土著，自然正宗。上海是个移民城市，既有亲和力，也有同化力，有些东西输沪，立足未稳，即被改造，难免不二不三，比如"弹弹江（钢）琴"之类。但对有些东西，上海人是尊重其传统的，流传有序、发扬光大不敢说，至少不会伤筋动骨，比如烤鸭。

在过去相当长的一段时间，上海汇集了全国各地的地方风味馆子，享有大名的全聚德却始终不肯驻跸沪渎。好在上海人天生就有这种本事——学啥像啥。全聚德不来，阿拉自有燕云楼、国际饭店，他们的烤鸭，决不在全聚德之下。在此，我特地要说一说的是名不见经传的提篮桥北京饭店烤鸭。

记得那是十五六年前的事了。大概是我为文坛前辈周劭、邓云乡两位先生各出了一本小书之故，两位先生执意要请我吃饭，地点定在我不熟悉的北京饭店。想来这应该是邓公的主意，他是北京通，自然晓得这家饭店的好处。结果吃到了极其精致、极有水准的北京烤鸭，留下深刻印象。因为觉得好，不久之后，我挈妇将雏换了几辆电车又去吃了一回，也是一致叫好。如今两位耆宿墓木已拱，想起他们对于我的教诲，不禁黯然。而提篮桥地区动迁频仍，变脸之亟，不知那家店是否还在，亦在念中。

我对于京菜无甚嘉言，唯独于烤鸭例外。十年前，《申江服务导报》创刊，推出"你点我订"（即读者点名要吃哪家饭馆，由报社为之联系并谈好折扣）的活动，我太太正好服务于该报，近水楼台，点的便是刚刚开张的全聚德。

我吃过很多店家的烤鸭，虽然味道各异，但形制差不多，要么一张皮，则精粹有余，丰润不足；要么连皮带肉一厚块，则失之粗粝，味同嚼蜡。全聚德和鸭王是连皮带肉的，然而片得比较薄，所以吃口很好。

最近到吴中路老北京饭店吃烤鸭，较为惬意，有三点值得称道：一是鸭皮鸭肉分作两盆同时上桌，使食者有更大的选择余地；一是面饼由火炉侍候，常吃常热；一是除鸭架做汤，鸭杂碎被做成一道爆炒京酱鸭杂，入口十分爽利。这些是别家烤鸭没有的。

说到鸭杂入菜，手头正好有一本《档案春秋》，里面有一篇文章，披露当年周恩来在全聚德请外国贵宾吃烤鸭的两份菜单：其一，四冷盘：卤翅膀、糟鸭片、鸭肝片、拌鸭掌；热菜：鸭四宝、炸胗肝、爆鸭心、烤鸭、鸭架白菜汤、蒸蛋糕、蜜汁梨、鲜果。其二，冷菜：拌鸭掌、糟鸭片、酱鸭膀、卤什件；热菜：扒鲜蘑龙须、烩鸭四宝、炸胗肝、油炮鸭心；烤鸭、鸭架白菜汤、冰糖菠萝橘子。

　　看来，吃烤鸭的名堂实在很多，对于那些吃了两片烤鸭就已餍之者来说，差不多是"万里长征刚刚走完了第一步"呢!

全鸭宴

秋天是吃鸭的季节，由此突然想起了老朋友赵君与他的全鸭宴。

这是个有点偏执，或说独幅心思，也可说是折腾、不安分、不服输的人。他有一些产业，赚钱，但满脑子还是想着开饭店，大概以为自己在其他生意上的成功，也可以复制到餐饮上去。现在市面上流行这样一句话：你要害某某人，就让他去开饭店。他的太太苦口婆心劝他把饭店关了，他回答得也妙："我不抽烟不喝酒不跳舞不唱歌，就剩这点爱好（做餐饮）了，你还不让？"此话一出，太太就此对他的业务不闻不问，让他吃力得不得了，直到现在，我都不敢问他是不是赚到了钱。可以肯定的是，他的这种"爱好"还在深化，比如隔三岔五到老家绍兴或杭州的山沟里寻访心目中的原生态食材，比如老琢磨着改改菜谱、搞搞创新……朋友们都有了共识：在他面前尽量不要提起什么什么好吃，否则他一准要说：吃了我的东西再说人家的好也不迟嘛！

中秋之后，赵君请几个馋痨朋友去吃他即将推出的"全鸭宴"，说好不得吃白食，须得提出意见和建议才走人。

全鸭宴这种吃法，当然也不是他的发明，古已有之不敢说，先

前全聚德就有：以两只烤鸭做主菜，也就是通常所说的吃烤鸭，其余四凉（菜）四热（菜）。四凉为卤什件、拌鸭掌、酱鸭膀、白糟鸭片；四热为油爆鸭心、炸鸭肝、烩四宝、炒鸭肠；最后再上一道鸭架汤，全了。据说目前全聚德已将全鸭宴的品种扩展至三十凉、五十热共八十个品种了，我没吃过，想必一般人也不会专为如此之"全"而去求全（全聚德）的。

我们可以相信全聚德做的鸭菜有品质保证，不过，作为南方人，我以为用填鸭做鸭菜也有短板：片皮之后的鸭肉，再怎么操作，总是不惬于人的。问题不在烹调失当，而是因为填鸭除了用于烤鸭，实在无法满足追求鲜美追求营养的南方人的口味。苏浙一带的乡下草鸭，不适合做烤鸭，而更适合于做汤菜、炒菜、腌菜等，北方填鸭则正相反。所以，全聚德的四凉四热全以鸭子内脏作为食材，很少用到鸭肉，不是因为鸭肉都被用于烤了（事实上，烤鸭的高级吃法只吃一层皮），实在是鸭肉无甚可观。南方草鸭的精华则在鸭肉，这也是治鸭菜不能不放在心上的重要一环。所以，如果我们以吃鸭肉为主的全鸭宴来考量一下，暂且不提烹饪因素，赵君已经赢了。

看赵君的全鸭宴：特色酱鸭、卤水鸭头鸭掌、自制盐水鸭、素鸭、鸭舌、火鸡煮鸭脯、炒仔鸭、栗子炒仔鸭、彩椒香辣鸭、养颜珍珠鸭、金丝芋艿鸭丝盏、八宝鸭、野生菌炖老鸭、笋干老鸭汤……不难发现，它和传统的全鸭宴的四凉四热完全异趣，重点放在鸭肉，而且辅料多具南方风味，这是对头的。我特别欣赏养颜珍珠鸭和金丝芋艿鸭丝盏两款。养颜珍珠鸭，从外表看像是一只粢毛团，里面是鸭肉和笋丝剁成的泥，加作料，外面裹以上等新鲜糯米，在笼屉里蒸，然后再浇淋鸭汁加工而成，极鲜，吃口不错，这应该是一款创新菜；金丝芋艿鸭丝盏，芋艿和鸭子是黄金搭档，或煲汤，或翻炒，均是大路做法，这款菜将鸭肉丝和香菇丝、青椒红椒丝煸炒后放在一只油炸春卷皮做的小篮里，香芋蒸煮成泥，四周围裹上金丝（用切成极细的土豆丝油氽而成），既美观又好吃。总之一句话，能够围绕鸭子做成一篇文章已经很不容易，与辅料的合作要相得益彰，更兼有特色，不动些脑筋是不行的，厨师无疑是用心的。

参与聚餐的朋友有个较为一致的印象，即全套菜，若说成功，最大的功臣当归那些鸭子。没有那些与"众"不同的鸭子，再好的厨师也是很难办的。

我给赵君的建议是，除自主创新之外，可以打通古今中外鸭菜的界限，比如，将唐代陆龟蒙创制的"甫里鸭羹"恢复起来，将法国名菜榨鸭引进来，等等。这样，所谓全鸭宴，在品质和文化上就有了深层的内涵。

还有一位精于营销的朋友则为他担心：以三十元一斤的价格从山里收购草鸭，你的价位怎么能使顾客接受？你目标人群是哪些？有多少顾客会对全鸭宴感兴趣？这都必须慎重考虑……

我寻思，这些方面赵君恐怕不会想得那么周到，否则他就不会是那种想到就干的人了，但私下里，我还是要祝他顺风顺水做好他的全鸭宴。无论怎么说，这是一件有意义的事，而且，立志要把自己的"爱好"变成更多人的"爱好"的人，总让人尊敬。

羊大为美（上）

◆   ◆

前些天，上海的天气像是玩过山车，暴热暴冷。暴热时，街上的男孩女孩舔着冰淇淋，招摇过市；暴冷时，人们躲在火锅店里吃涮羊肉，把橱窗"熏"得"大汗淋漓"。

羊肉，似乎已经成为冬季具有标志性的时令食品了。

春节前，和一位松江的朋友吃了个饭。席间，正好上了一道红烧羊肉，那老兄便打开话匣子，竭力称赞松江的羊肉如何如何高明，很让我吃惊，因为类似的话，我听过不少。比如有一回去嘉定，那里的朋友也是跷着大拇指直夸嘉定羊肉怎样怎样好吃。我还听一位朋友说，七宝羊肉好吃得打耳光也不肯放。宝山的朋友在这上面更不含糊。两年前到一位诗人的崇明老家，她的舅舅对于"崇明羊肉"推崇备至，大有舍我其谁的气概，给我留下深刻印象。

若说世界上有什么事能让人越搞越糊涂的，"好吃的羊肉究竟在哪里"这一命题便是。在以上种种"说法"之前，我只知道，上海地区，传说真如羊肉最为出名。就为这个"传说"，我曾专程跑到真如（兰溪路一带）寻访，结果，只发现了一家毫不起眼、破相的小店在卖羊肉，哪里来的"多少羊肉楼台中"的排场！当然，这是二十几年前的陈年老账，当时真如寺还掩在残垣败壁之中，如今或已做足文章亦未可知，只可惜我已没了兴趣。

苏州的藏书羊肉还要有名，几乎所有吃过的人，说起来都是一个"好"字。藏书羊肉我也是吃过的，真要说到了"至味"的境界，恐怕其中一半的因素是起自不远"百里"奔走而讳言"上当"。我是否有点以小人之心度君子之腹？有一点需要坦白：我吃到的藏书羊肉是在木渎而非藏书，木渎那个地方几乎全部标榜"藏书羊肉"，和巴城高举"正宗阳澄湖大闸蟹"、绍兴馆子渲染"正宗乡下草鸡"的格局有得一拼。究竟木渎羊肉和藏书羊肉是怎样的关系（木渎镇与藏书镇相距五公里），我没搞懂，也懒得去研究。大闸蟹看肚，草鸡看脚，似乎还有点门径可走（有时难保被误导或被"色诱"），这羊肉怎么"看"法？别的不说，就算牵头羊来当着你的面放倒它，你咋知道是藏书的还是崇明的、内蒙古的或什么都不是？

我对于江浙沪羊肉最大的不信任，或者觉得不太靠谱，完全缘于过分地依赖常识。羊好，最基本的条件是草丰水美。小时候读"敕勒川，阴山下……风吹草低见牛羊"，眼前每每展现一幅蓝天白云、碧绿无垠的壮美风光，可以想象那里的羊是多么的肥美。"海阔凭鱼跃，天高任鸟飞"，这样的鱼，这样的鸟，才是健康的、鲜活的，有美感、有营养。说点不争气的话，拿来解馋，也是好吃的。羊也一样，还得讲天时、地利、人和（人的放牧经验和手段）。苏、浙、沪，弹丸之地，蕞尔小区，凭啥藐视塞外的羊兄羊弟而自命不凡、唯我独尊？

我太太去过山西，回来先不说应县木塔如何雄浑、晋祠如何古老、乔家大院如何气派、云冈石窟如何伟岸，而大赞大同羊肉如何好吃。现在的电视剧，描述内地人到塞外做生意的很多，不少作品都拍吃食的场景，多半也是大碗喝酒，大块吃肉。那肉，基本上是羊肉。以那些演员的作态观之，"口外"的羊肉是不容怀疑的好吃。张家口在山西和内蒙古交界处，我能感觉到它的不同寻常。

其实往往，知识是一回事，经验是一回事，实战又是一回事。以羊肉为例，应当说内蒙古、新疆、西藏等畜牧大区，我都去过，饕餮羊肉，也义在题中，说句不中听的话：我怎么就没觉得好吃呢？羊肉肯定是好的，否则上海的羊肉店为何一直声称自家的羊肉真正来自内蒙古，或许是烹饪有点问题，要不就是我的口味出错。比如，烤全羊，多少人说它的好话，奇怪的是，我怎么就没感觉？

也许另有原因。

我母亲属羊，因为这个缘故，她决不碰羊肉。可怪！所以，羊肉不进家门，连吃火锅都不带她去的。吃得不多，历练得少，小孩子就不太懂得羊肉的好处。

许多人之所以对羊肉有看法，主要不是因为肖羊或动物保护主义者，而是它的膻味。确实，如果跨不过这个坎，那就很麻烦，至少乐趣少了点。蔡澜先生有句名言："羊肉不膻，女人不骚，都是缺点。"女人的好处，只有读得懂女人的人才能欣赏；羊肉的好处，读得懂女人的人也未必能欣赏。而羊肉的所谓"坏处"——膻——不管是读得懂还是读不懂女人的人都能体会。

羊大为美（中）

◆   ◆

中国人吃羊肉的历史肯定要比汉字的历史长得多。我曾经看过的一则资料说，中国的北方人特别喜欢吃羊肉，而吃羊肉的风气却是从中亚传过来的。对此，我有点不同意见。世界之大，无所不有，中亚有羊，难不成我国的羊就是从那里跑过来的？除非谁能明确地告诉我"是"。即使"是"，难道中土人士面对着一群"喜羊羊"居然不知如何下手，还要请教人家：这家伙能吃吗？

从中国最古老的那些典籍里，我们可以掂量老祖宗品尝羊肉的水平，似乎决不在异域人之下。比如，中国古代最早的一组美食——周（周代）八珍，其中排行第四的是炮羊：将小母羊杀死，掏去内脏，塞满枣子，用芦苇将小羊包裹起来，涂抹一层带草的泥巴，用猛火烧烤（即所谓炮）；炮完，剥去泥巴，用稻米调制成糊状，涂在小羊身上，放入盛有动物油的小鼎之中，再将小鼎放在盛水的大锅里隔水蒸烧，三天三夜后取出，蘸作料吃……由此可见，我们先人的羊肉吃法，很有可能比现代中亚人的吃法更为考究。不仅如此，八珍之第五——捣珍，也和羊肉有关，做法仍不简单。

在中国历史上，羊除被吃，还关乎经国大事。《左传·宣公二年》记宋郑交战，战前，宋国主帅华元宰羊犒劳士卒，可是为华元驾车的羊斟没有吃到羊羹，因而怀恨在心。两国交战之时，羊斟对华元说："之前分羊羹给谁吃你说了算，现在的事我说了算。"便径直把华元乘的战车驶向敌阵。结果主帅被擒，宋军自然大败。最最滑稽的是，后来华元逃了回来，还去问羊斟："是那马不受驾驭才会出这样的状况吧？"羊斟回答说："不是马，是人。"答完走人。华元真是笨到极点，现在做领导的哪里会怠慢自己的司机！他们非常明白自己和司机之间纠结着的利害关系，或许正是吸取了华元的教训也未可知哩！

一杯羊羹亡军亡国，像是天方夜谭，其实并不是孤证。《战国策·中山策》里中山君，也是因为没给大将司马子期分得一杯羊羹，致其不满叛逃，引楚来犯，中山遂亡。

这当然是题外话。

以其私憾（一杯羊羹而已）而败国殄民，听起来不可思议，但毕竟是发生了的。所以，我们对于好吃的东西能够产生的能量，绝不可以轻视。一个简单的事实是，历史上以善烹羊肉而被加官晋爵的，不乏其人，比如南北朝的毛修之。

再看外国，羊肉的地位同样崇高。《查理曼大帝的桌布》一书中有个章节，详述一位法国大使在 1672 年受到波斯官员款待的情景：吃完几种不同的面包后，还得吃十一道菜——最初的四道菜，每道都在米里包着十二种家禽；接下来的四道菜每道里面都有一整只小羊羔；最后的三道则是羊肉……显然，羊在波斯膳食当中担负着不可或缺的角色。

罗勃特·彭斯是 18 世纪著名的苏格兰诗人，也就是电影《魂断蓝桥》里那首著名的《友谊地久天长》歌词的原作者。我没想到的是，"彭斯之夜"——大概是他牵头的一个有关文学的聚会，还是一个有特色的晚餐会，其中重要的活动之一是品尝一种叫"羊杂布丁"的吃食。这种吃食，约翰·詹米逊在《苏格兰语的语源》给它下的"定义"是："关于我们国家的这种风味菜肴有一种非常奇特的迷信，在罗克斯巴勒郡非常流行，可能在其他南部乡村也有。由于它能够让羊杂布丁不在锅里爆裂并流出来，因此是一种绝佳的烹调技术……"我猜想，这也许像我们在熟食店里能够买到的羊糕（一种羊头煮烂之后形成的肉冻）。

安托南·卡莱姆是拿破仑时代最著名的御厨，在他留下的经典菜谱中，有一道"烤七小时的布列塔尼小羊腿"，烹调过程非常繁复。它的配方，刊在《为国王们烹饪》这本小册子里，我不惮麻烦，抄录如下，让读者见识一下：

选择一条嫩羊腿，前一夜浸泡在油、白兰地酒、香草和调味品中，烹调前，将液体吸干。用热黄油把它烫一下。把大块肉用白葡萄酒、汤和浓缩的调味汁或西班牙式沙司盖没，置在烤盘中，放在微热的炉膛中央，烤七小时。不时地涂油和转动，把羊腿放入盘内，配上烤过并挂汁的蔬菜。同时，把烤时得到的肉汁滤过，去除肥膘油，一同端上餐桌……

程序尽管复杂，味道一定不错。

我不知道有谁愿意如法炮制？无论如何，我们到死也不可能吃到正宗的"布列塔尼小羊腿"了，因为它的发明人死了差不多有两百年了。

羊大为美（下）

◆　　　　　　　　◆

生而为羊，真是苦恼，吃的是草，挤出来的是奶，这倒也算了，牛们、马们，哪个不是和羊"同一条战壕里的战友"？可是，牛、马、猪等"四腿一族"，固有一死，但，或有人疼爱，如马；或有人抚慰，如牛；或有人饲养，如猪；哪像羊那样孤苦、那样无助，被人赶来赶去，还让人心安理得地寝其皮食其肉？有的人口口声声抱怨"做牛做马"，如果让他投胎"做羊"，却是绝不答应的，因为结果更悲惨，最终逃不掉"引刀成一快"的下场，连累死、老死的待遇也不可能有。

我儿子出生那年是马年之尾，我在医院里看到许多产妇缠着医生要求剖腹生产，很是不解。后来有人告诉我，再过几天便是羊年，那些产妇不愿意让自己的小孩做任人宰割、任人欺侮的"羊"。其实，按老法，肖羊的人，倒是有福的。

食物的最高境界，就是"鲜美"。不幸，这两个字，都和"羊"有关：羊大为美，鱼羊成鲜。何以"不幸"？因为"鲜"、因为"美"，所以一定比不够鲜不美者"薄命"，如羊。

羊大为美，据说是宋太祖时徐铉受命重新刊定《说文》里头就有的词儿。从卖得出价、从俘获战利品的角度而言，羊大是好的，但大未必好吃。羊大，我觉得应该作"羊肥"才对，首先，羊肥，自然显得个头大，所以"大"的深层含意是"肥"；其次，古人对于油脂非常崇拜，认为羊大，而肥厚，而油多，他们没有太多的医学知识考虑油脂对于人体的伤害；其三，烹饪技术有限，无论烤还是煮，肥腻产出的效果肯定要比瘦瘠来得醒豁。以现代人的眼光审视之，那就问题多多。

有些事情是不问而可知的，比如小畜要比大畜嫩滑。如果加上肥壮的因素，在吃口上，一般来说，小的肯定要比大的好吃，除非另有营养上的考量，如老母鸡、老鸭汤等等。蟹是个例外，牵扯了发育是否成熟。其他如乳猪、乳鸽、童子鸡等，无不以小胜大。商家以"小肥羊"、"羊羔肉"、"小牛肉"而不以"老羊"、"老牛"、"大羊"、"大牛"为号召，不是没有道理的。美学上的通则：小的总是美的。以之喻人，恰如其分。比如老夫少妻，不以夫老而荣，而以妻少为贵，明摆着的事儿，故对于"羊大为美"的说法，要谨慎待之。

鲜，《说文解字》："鲜，鱼也，出貊国。"但民间的说法总是那么执著：鲜，就是鱼和羊的结合。有人从"鲜"字中得到启发，发明了一些鱼、羊合烧的方法，比如，北京有"潘鱼"，安徽有"鱼咬羊"，江苏有"羊方藏鱼"，等等，名动一方。但毕竟只是"一方"而已，没能像重庆火锅和北京烤鸭那样全国流行，这就证明它的可行性较差。"鱼咬羊"是把羊肉条塞在鱼肚里，"羊方藏鱼"是把鱼镶嵌在羊肉方中。这种把戏，猪肉早就干过，究竟有多好吃？不知道。要完美地解决羊膻鱼腥，难。我能想象鱼的腥和羊的膻杂糊一气的味道。也许处理的过程应该相当繁琐，才能让人接受，否则肯定不好玩。可你弄这些概念，不就是为了好玩吗？

中国人对吃羊有研究，可谓底蕴深厚。袁枚《随园食单》里，收录吃羊大法竟有七十二种；其他如《全羊大菜》、《清真全羊菜谱》、《全羊谱》等，都是名著。虽然全羊席菜品最多可达一百零八种，但诚如袁枚所言，"可吃者不过十八九种而已"。就是这个数，一般人也要对之浩叹。苏浙沪一带，以蜜汁羊肉和白切羊肉为主力，外省则加以羊杂碎汤，如此而已。近年来，餐桌多了两道：煎羊排和烤羊脊。中国菜谱难得见到，西方宫廷菜谱倒是常撰。我观察了一下，煎羊排和烤羊脊，都是青少年朋友的爱物；蜜汁羊肉和白切羊肉，则为中老年人所青睐。吃羊肉上，可以看出代沟。

羊肉照例是冬令食品，上海人视冬天吃羊肉为进补。如果有人夏天吃，或许被认为是"反季"（专吃伏羊者例外），坊间多以"太热"以致血鼻为诫。奇怪的是，北京人全不管这些，大热天吃羊肉已成风尚。梁实秋说，"其实夏季各处羊肉床子所卖的烧羊肉，才是一般市民所常享受的美味"。所谓羊肉床子，就是屠宰、销售羊和羊肉的店铺。这种店铺一到夏天，就要兼卖本店制作的烧羊肉。不知是它投市民之所好呢，还是市民到了夏天就有嗜食羊肉的习惯？总之，大概很少有人流鼻血，否则，满大街都是流着鼻血走路的人，外来人还以为北京人都喜欢拳击运动哩！

忍看「旧朋」成「新鬼」

日前去广东中山公干，颇领略一些"食在广东"的风情。但中山的老表却说："食在广州固然不错，但食在中山则更准确，因为，中山乃粤菜始祖呢！"大有"谁不说俺家乡好，俺就把他放倒"的气概。

在中山，几乎每餐主人都要上一道菜——炸乳鸽；几乎每餐，主人都要赞美一句：这可是我们中山菜的代表啊！我想，这是一定不会错的。广东人在吃的方面，无所畏惧，其中包括非粤籍人士不敢吃或不忍吃的东西。

中山人隆重推出炸乳鸽，似乎把我们当成了不食乳鸽的异类。当然，我也不好当面驳他们的面子，说："这有什么好夸耀的，在我们上海，吃炸乳鸽可要比吃草头圈子容易。"我没有那样的攻击性，不过，我们不得不对中山表示崇敬：中山不光贡献了灿若星汉的众多名人，连炸乳鸽也是他们的发明。

平心静气地说，中山的炸乳鸽和上海的相同，源流一致，没有南橘北枳的闹心事儿。有一样，我觉得上海人（极有可能是在沪的粤厨）烹饪乳鸽在细节上更胜一筹，即：上海人吃炸乳鸽，厨子必奉送一小碟椒盐或甜味酱让人蘸着吃。其他人的感觉怎样不知道，我是觉得此物绝不可少，否则淡而无味。中山的炸乳鸽不加作料，坦白说，我不是很喜欢。

西方人不吃或很少吃鸽子，原因我不太清楚，也许是鸽子是祥瑞和平的象征，是势弱的化身，是人类的朋友。吃鸽子有点恃强凌弱的意味，不够"厚道"……

我对于简单地把西方人不吃鸽子视为文明，以证中土食鸽之不文明，颇以为然。食俗不同，文化也不同，外国人视龙为恶魔，中国人宝贝还来不及，这又怎么说？文明，至少不应该以牺牲人的生存权和幸福权为代价；而为满足口腹之欲实行物种灭绝，显然是不文明的。可以网开一面的是，我们现在吃的鸽子，几乎全是专供食用的肉鸽，所以不必为之内疚不安。

陶宗仪《辍耕录》云："颜清甫，曲阜人，尝卧病，其幼子偶弹得一鹁鸽，归以供膳。"说明中国人食鸽历史不短了，我们同样可以找出许多以鸽养性的佳话。我小的时候，父母就再三关照，看到有脚圈的鸽子，千万不要伤害，一定要放走或归还主人，否则便是犯法。这里所说的"鸽子"，其实是指信鸽和赛鸽或军鸽，有实用价值而不可食用，确有禁忌，这是后来才明白的。之后很长一段时间内，我对于餐桌上的鸽子总是不忍下箸，生怕冒犯这个很神圣的动物。

我的敢于问鼎一脔，是缘于参观了一位朋友之朋友的养鸽场。这位养鸽专业户，原是江西人，闯荡上海二十多年，他们从国外引种，创制了一套优生优育优选的养鸽方法，大获成功，产品因质量优异供不应求。家发了，富也致了，但依然淳朴，他们曾送过我两羽雪白的乳鸽吃着玩。我宰过鸡，杀过鸭，剖过鱼，但没有"做忒"（消灭，周立波语）过鸽子。听老辈人说，要弄死鸽子，不可用刀，只消将手紧捂鸽子的鼻孔（北方用铜钱孔套在鸽子嘴上）几分钟，即可令其窒息而亡，据说这样才鲜才嫩（也有大师傅以为奏以快刀反而腴润）。我如法炮制，前后运作了十几分钟还搞不定。不用说，不是力道不足，而是于心不忍也。我曾托朋友带话给那位养鸽朋友：以后馈赠鸽子，只须"困铁板新村"（死掉）的，不要欢蹦乱跳的。反馈的信息是："送人鸽子，总要有点腔调，哪能送给人家死物，不好看，不吉利！"一句极有艺术的托辞。看来，在鸽子面前，谁也不愿露出自己作为刽子手的嘴脸。说起来，这已是至少七八年前的事了。

上海人把鸽子作为补品，所以一般不会油炸，最常见的办法是清炖（限于乳鸽，以取其嫩），再者就是煲汤，佐以火腿尤佳，考究者还加名贵药材。本地似不施以红烧，更不像广东人喜欢油炸。

和炸乳鸽相似的是江苏名菜油淋乳鸽：鸽子油炸，辅以各种作料，最后将热油浇淋一过。奇怪的是，有的油淋乳鸽与之做法却完全不同：先将鸽子汆汤，然后捞起，在外表上施以脆皮汁，最后淋上热油。同是油淋乳鸽，孰朝孰野，殊难把握。

我吃过做法最有趣味的鸽菜，即武汉名菜汽锅乳鸽：取一只极小鸽子中的部分，放入一只巴掌大的汽锅内，置于大笼屉里蒸煮。出笼，热气腾腾，就着另一种武汉名点豆皮吃，相当不错。记得这还是十多年前在淮海路近陕西路的一家专营武汉风味的小店里品尝到的。久不去淮海路闲逛，不知那家店还在否？念念。

云蒸霞蔚说火腿

◆　　　　　　　◆

邓小平夫人卓琳，是火腿爱好者。其实这也好理解，卓琳的故乡，正是盛产火腿的云南宣威；她的父亲，是当地有名的火腿商人。

何谓火腿？通俗地说，就是腌制或熏制的猪腿。火腿又名"火肉"、"兰熏"。但"火"字又从何而来？一说是因其肉质嫣红似火而得名；另有一说是因早期制作火腿常用烟火熏烤的缘故。按，以出品火腿而著名的浙江东阳，其"县志"曰："熏蹄，俗谓火腿，其实烟熏，非火也。腌晒熏将如法者，果胜常品，以所腌之盐必台盐，所熏之烟必松烟，气香烈而善入，制之及时如法，故久而弥旨。"可作旁证。附带说一句，东阳的蒋村，绝大部分村民以制火腿为业，所产火腿，有"蒋腿"之称，与金华火腿、宣威火腿鼎足而三，当然这只是一种说法。关于火腿，说法向来很多，因为它是食品中的明星，正和当红的影视歌舞明星一样，难免要被人"众说纷纭"。

如果说猪腿肉是猪肉中的"八十万禁军"，那么，火腿无疑是"八十万禁军之教头"：精锐中的精锐。火腿是一种高档食品。高档，可以理解为品质无与伦比，可以理解为稀有（稀为贵），可以理解为工艺复杂。火腿，偏重以品质取胜。对它，人们总是充满好奇和向往。

台湾作家王宣一在《国宴与家宴》一书中写道："一直不能忘记童年时的一幅景象。庭院里晒衣架上，整齐地吊着一串串火腿、香肠、腊肉和板鸭。开春的第一道阳光下，那些放了跨年的南北货，在暖和的春阳烘烤下冒出发亮的油光，架子底下，却排着更长一列的野猫，巴巴地仰着头，看着香气四溢的腊味，一动也不动地蹲在那里，而屋子里，落地窗边，太阳照得到的地板上，家里养的猫懒散地躺在那里，隔着玻璃窗，却又不时地瞪着窗外庭院里那一串串的腊味，或是瞪着那一群猫儿们，不让它们轻举妄动。"我想，其中还应当有一只大"馋猫"——作者，在注视着那些诱人的火腿。

回想童年，我对于火腿完全没有王女士的敏感，自然也不陌生。没有向往——不知其为何物；只有奇怪——形状如此怪异、外表如此腌臜的东西怎么吃？那时国家经济虽然一塌糊涂，我家附近的南货店里倒是还有火腿的踪影，它们被吊在店堂最靠后的墙壁上，排成一列，就像乐器店里五六个琵琶等待出售。好笑的是，在我的印象中，这些"琵琶"未曾被买走过，似乎直到读完了小学还一仍其旧，上面已经积攒了许多灰尘。后来知道，那时穷啊，普通人家，有几块咸肉已经了不得了，不要说火腿了，更遑论整只火腿！我对火腿的一点印象，是亲友中有人动了手术，大人前去探望，总要提一只烧锅，里面是鸡块或鸽子，当然还有屈指可数的几片火腿。火腿在此时是富有象征意义的，它表示一种级别（助愈伤口的意思也在内），对受难者进行安慰。如果那个人不是因为手术受伤，就没有资格享受火腿的尊贵。在平民的世界里，食物总是被定义为"有意味的形式"的。

以前上海女婿初上岳家，所备礼品，不外"军火"一套：子弹（名烟）、手榴弹（名酒）、炸药包（蛋糕）和机关枪（火腿）。可见火腿在人们心目中的地位。

直到好几年前，我到欧洲一些国家旅游，看到酒店的早餐里竟有随意取用的火腿，甚为惊讶，居然不敢肆意妄为，生怕它像客房小冰箱里的食品，让食者自掏腰包。

过昆明那里的人喝茶，是就着一盘火腿边喝边嚼的，相当于上海人喝茶喜欢嗑瓜子，奢侈得让人眼红。

火腿的制作，差不多要经历八十几道工序，我不是做火腿的技师，不想在此饶舌。有一点要特别说一说，就是火腿上的印章。火腿按品质高低一般分为特级等三个级别。以特级腿为例，要求：爪要弯，脚踝要细，腿形饱满像一片叶子，脂肪厚度不能超过二厘米，三签（三次签插取样）都要有很好的香味。这说明火腿制作，行业标准严格，并非无法可循。验收合格，盖上图章，顾客购买火腿，无法知晓其内在品质，只认图章。以前萧规曹随，毫无罣碍，但近年来，有人为利所驱，偷工减料者有之，偷梁换柱者有之，更兼图章私刻乱盖，"火腿门"之发生，也在情理之中了。有意撑中华品牌美食一把者，当引为教训。

火腿往事

◆ ◆

中西膳食，大不一样，所谓味同嗜焉，未免言过其实。如果确有，火腿算是一例。

最能体现西方人热爱火腿的情结，是早餐里的火腿煎蛋；最能展示中国人喜欢火腿的感觉，是金腿月饼。至于"西腿"好还是"中腿"好，做法不一样，烹饪不一样，口味不一样，怎么比？

从前有个中国通叫福开森，考古学家，曾主交大校政，上海有条马路，就以他的名字命名，即福开森路（武康路）。他说："尽管德国人自夸德国做的香肠火腿，滋味好，花式多，可以雄视欧亚各国，说这些话的德国人，我敢断定他们没有尝过中国的云腿蒋腿，否则绝对不敢大言不惭，自吹自夸说德国火腿是世界第一的。"

德国大菜，乏善可陈，中国人对此印象较著者，只是咸猪手。由咸猪手可知，德国火腿应该不错，好像德国的腌制品水平都很高，《兵临城下》中，那个德军狙击手，口袋里装的不是巧克力就是火腿。

我相信德国火腿总体而言肯定品质优良，但不在顶级之列。欧洲著名火腿产区，有意大利的帕尔马、圣达聂乐，西班牙的Trev-elez，法国巴约讷等等，其中西班牙哈布果村里的伊比利亚火腿被标签为顶级，其不凡在于：依照伊比利亚猪吃的东西，分成三个等级：第一等是橡木子等级——猪都是吃橡木子的，必须要在树林放养时增加的体重是原来的 50% 以上才够格；第二等是再喂饲料等级——指那些无法吃橡木子长到这个重量的猪，只好运回农场喂食饲料；第三等是饲料等级——从头到尾只喂食饲料。

我看过一张照片，西班牙 Tapas 酒馆，酒保在吧台内为顾客调酒，头顶上是一排排悬挂着的伊比利亚火腿，黑压压的。据说只要酒馆里一热，挂在吧台上的火腿开始渗出油来，暗沉的火腿油香逐渐飘散到酒馆的每一处……这真是令人着迷的境界。

那么，中国的情景又怎样呢？也不含糊。清人朱彝尊在《食宪鸿秘》中提到：给火腿（金华火腿）擦抹盐时，要"草鞋捶软套手"（即用草鞋当作手套）。何以如此烦难？原来是怕热手碰肉，容易使肉腐败。处理细节之一丝不苟，足以证明中国火腿制法确实讲究。

对比中西火腿制法，我的印象是，中腿重制法，西腿重材质。有消息说，中国火腿现在只限于香港地区和东南亚国家销售，还打不进欧美市场。原因是欧洲的标准苛刻，他们要求猪腿原料来自畜牧场散养，从前没有问题，现在中国企业一般难以做到，而且周围两百公里内不能发生瘟疫。

地理环境是影响火腿品质的重要一环。伊比利亚火腿之所以绝佳，取决于当地的温度和湿度最适合火腿风干，山风和云气让火腿缓慢地培养出细腻丰富的干果香气。中国宣威火腿所以有口皆碑，也是占了天时地利，其中一条是宣威地区普遍烧煤，空气中有某种化学成分能促使火腿在腌晾中味道变得更鲜美。但中外人士品尝火腿，有一样差别极大：西人喜吃生腿，国人则爱吃熟腿！

由火腿而产生了中国近代一个传奇人物——浦在廷。他靠始创罐头火腿发了大财，人称"火腿大王"，后因支持讨袁、支持北伐，居然被孙中山授予少将军衔。

"洪宪皇帝"袁世凯嗜食炖白菜。你以为他节俭？差矣！这炖白菜里一定得放火腿，他才动口也。

还有一位和宣腿有关的传奇人物，是曾经当面骂蒋介石"你就是新军阀"的西南联大名教授刘文典。抗战胜利，联大师生大都复员北上，刘却滞留不归，原因一是迷恋云土（烟土），二是迷恋云腿（火腿），故被人称为"二云居士"。

有人喜用火腿作为煲汤的食材，比如火腿冬瓜汤、火腿黄鳝汤等等，我总觉得殊为可惜。或许汤汁因此变得醇厚馥郁，但火腿却是木渣渣味同嚼蜡。我以为最够味的还数清蒸火腿，其中蜜汁火方，允推第一。我家附近锦江大厨的一道脆皮火方（外面是一张松软的夹饼，里面是一片蜜汁火腿加一层油炸豆腐衣），极佳。我订座请客，几乎必点此菜，客人无不喝彩。

有一年春节，真是鬼使神差，两位极要好的朋友竟不约而同地各送了我一只火腿，品质绝好，怎奈无法保存完好。太太嘱我拿到我们经常买肉的菜场摊位，请那位慈眉善目的大姐将整只火腿肢解，以便分赠亲友。大姐运斤如风，片刻斫就。我拿出十元钱谢她，她执意不收。回家，太太将火腿一块块封好，随口问道："咦，那爪子呢？"我说："脏兮兮的，不要了，掼在菜场里了。"太太哭笑不得："作孽。侬就像暴发户，'小费'给得比吃正餐埋单的钱还多！"

酒肉穿肠过（上）

◆　　　　　　　◆

　　春节前夕，到亲戚家串门。临别，亲戚往我手里塞了一个纸包。见我推三阻四，她说："不过是一点小菜，自己做的。你们工作忙，张罗饭菜费时费力，用得着它。"我一听，不再拒绝。

　　回到家，打开，见是一捆香肠，细细的，灰褐色，用鞋底线结扎，绝对其貌不扬，甚至还有点恐怖，让人联想起非洲某个挨饿垂死的小孩手臂。要是放在路边，连野猫也不敢碰它。本来想一丢了之，想想哪天或许有用，就放一个角落里不闻不问了。

　　一天，真的碰到了餐桌上的尴尬事——有素无荤，若从冰箱取出冻肉化冰，只怕饥肠不肯答应，于是动起那香肠的脑筋。略加冲洗，葱姜料酒都不用放，隔水蒸；取出品尝，肉香馥郁，滋味醇厚，和店里卖出的香肠完全异趣，好吃几倍。

　　不久，美食家江礼旸先生招饮，推杯换盏之余，老先生说有一样东西送我，也是用一张旧报纸裹着。展开，几根香肠赫然在目。"这是自己做的，你尝尝。"他诚恳地说。这一次，我毫不忸怩地欣然接受。

　　春节里，有个朋友到寒舍拜年，带来的一盒年货礼包里也有一些自制的香肠。如果没有先前的经验，我一定会为朋友的鲁莽而不快，如今则备加推崇，让朋友有一种从发票上刮出大奖的意外惊喜。

这等巧事，都让我碰上了。我很怀疑冥冥之中有所安排。

说起来，我对于自制香肠还是早有领略的。我小时候，正是物质匮乏时期，有一天，母亲突然叫来一位同事，在家自制香肠。记得那位同事将肉糜在洗脸盆里调味一过（好像加了很多的料酒），便往一只漏斗里塞肉糜，漏斗下部套着一根长长的肠衣。他对母亲说的一句话，让我记得很牢："一定要把肠衣塞满塞紧才算完事。"当时买肉要凭票供应，一脸盆的肉要花多少张肉票，我不太清楚，但是，那些肉被那一根根的肠衣迅速"消化"，给人的感觉好比炒股，最终股票股数不变，市值却在缩水，未免让人沮丧。当然，吃香肠的同时也会把那种沮丧"消化"，毕竟，香肠是鲜肉的升级产品嘛。

虽说味道上佳，我仍疑惑不解：现在香肠到处有售，何必亲自动手制造？正如从前人们喜欢包粽子、裹汤圆，时至今日，谁还有这等闲工夫、好心情！

好吃乎？省钱乎？好吃是确实的，省钱则未必吧；而更重要的是：省心省力了吗？

其实，省心省力，正是美味的天敌。倘若把调味的控制权交给机器，我们等于成为了唯马（马达）首是瞻、被"圈养"的囚徒。

难道不是这样吗？

后来，我求教于一位见多识广的时髦人士，才知，自制香肠正是近阶段颇为风靡流行的一桩赏心乐事。除去对粗制滥造、坑蒙拐骗的食品本能规避外，我想，这种DIY，或许是顺应了追求原生和自然状态的生活理想。

看似老土，实则时尚。

香肠应该是从海外传入中土的。据说，两千多年前，在古希腊就有"香肠"这个词，香肠也是古罗马人喜爱的食物。拉丁文作sal-sus，用盐腌的意思，可见香肠归属于腌腊制品。腌腊肉类最初的出发点是便于保存，这一点，也是现在之所以香肠盛行的原因。

各地有各地引以为傲的香肠，例如，意大利的博洛尼亚、法国的里昂、德国的柏林、英国的威尔特郡，等等。中国最出名的香肠，大都产于广东，比如中山。若论全世界最为顶级的香肠，那就非德国的法兰克福肠莫属。

关于法兰克福香肠，有个有趣现象：Frankfurter(法兰克福肠)只是维也纳人的叫法；而法兰克福人则是叫它Wiener（维也纳肠）。我猜想，因为德奥近邻，大家都在做香肠，搞不清楚此肠彼肠之源流也。

总的来说，德国菜在世界餐饮版图中是无足轻重的，若说有何特点，那就是以质朴胜。日尔曼民族以食肉为主的风尚，绵延不断。所以能够发挥影响力的就是腌腊制品，比如咸猪手和三大腌腊名品：香肠、火腿、培根。香肠（原肠类）分成两大块：耐贮腊肠和调味浓厚的瘦肉香肠。仅香肠品种之一的水煮肠就有六十多种，各种灌肠更是数不胜数。

德国人身体壮硕丰满，想来和喜喝啤酒和爱吃香肠有一定关系。啤酒肚皮和香肠体型，正是对德国人饮食取向最好的描述和写照。

酒肉穿肠过（下）

◆　　　　　　　　　　◆

香肠的品质取决于瘦肉和肥肉杂糅的比例恰到好处，这也是香肠生产商和自制香肠者能否征服食用者的关键。至于食材，当然要求精益求精了。

香肠的原料，一般人只知道是猪肉，其实里边的名堂大得很。以猪肉而言，据说舌、胃、心、肝、肺、脾、尾等，都可入围。猪肉之外，牛肉也是重要材料，甚至还有将牛的乳房做香肠的，令人不可思议。越南有一种香肠，由龙虾肉和猪肉混合而成，看上去极为"贵族"，像是与其国力不很对等。不过，如果你到过下龙湾，可知那里的龙虾产量极丰，把吃不完的龙虾肉做成香肠，也是顺理成章的。在挪威，人们用驼鹿肉做成的香肠，成为当地名特产品，真是非常奇怪。在我们的印象中，他们最拿手的，应该是三文鱼香肠，有吗？

大概是口味遗传或缺少训练的缘故，我对于除猪肉以外的香肠，没有多少热情，比如牛肉香肠，我总觉得有一股膻味，难以接受。即便像四川香肠，算是与广东香肠一时瑜亮，却是浅尝即止，无法将其纳入家庭食谱。与它没什么"过节"，只是不对口味罢了。前些天，碰到同事红玲博士，承她相告，她吃过一种由蛋黄和猪肉合作的香肠，好吃得不行。可惜我没有尝过，我竭力想象它该是个什么味道？肉饼子炖蛋的香肠版！如果我把这种感觉告诉博士，她该要说我的文化程度咋那么低了。

香肠的"内容"其实并不重要，无非肉类或者其他"杂件"而已，重要的倒是肠衣，没有这件"衣服"，香肠就不成其为香肠，也就没有香肠那种特殊的"香"。我没在香肠厂干过活，不清楚"肠衣"究竟是何物。按照常识，肠衣似乎是羊肠做的。我小时候看过大人做香肠，肠衣薄如蝉翼，就像透明的油光纸，怎么也不能把它和羊肠联系起来。我猜测肯定有专门的技术来处理，仿佛牛皮可以"掀"成几层。可是问题接踵而至，如今卖场里排山倒海都是香肠（包括各种灌肠），哪来那么多的肠衣？从前北京有一种著名的小吃——双羊肠，极受欢迎，但须提前一二天预订，才有口福，因为每个羊床子（宰羊的铺子）每天宰杀羊只有限，往往做好就被人一抢而光。显然，肠衣有限，香肠产量便有限，以现在香肠生产规模而言，非得另觅渠道不可。比如用猪的小肠做肠衣，成为风气。信不信由你，还有人用猪牛羊的胃乃至膀胱以及鸡鸭鹅的头颈皮囊做肠衣呢，自然不是因为肠衣缺乏。至于味道，当然有点"特殊"了。

香肠虽然是外国的发明，但世界上"暗合"的事不可避免，我国的香肠制作至少在南北朝时期就有了（北魏《齐民要术》里有"灌肠法"的描述），至于是不是随"西方"的佛教一起输入中土，我不敢妄测，不过北京著名小吃双羊肠，是用新鲜羊血和羊脑髓和一块灌入羊肠之中，相当特立独行，和欧陆香肠不像是一个系统，可谓极尽异曲同工之妙。

香肠好吃，故事亦多。世界上最长的香肠是 2008 年 12 月 27

日一位罗马尼亚厨师制造的，392米。而吃香肠的冠军，则是由来自美国弗吉尼亚州的索尼娅·托马斯夺得，10分钟内吃掉了35根香肠。西方人喜欢吃"热狗"，说穿了，无非是冲着其中的香肠而来。有报道说，美国儿科医生们曾呼吁"热狗"退出市场，理由是"热狗"中的香肠是经常引发儿童窒息而死的主要食物之一，可见香肠在西方世界流行之广。我看见过有人从德国弗莱堡明斯特广场拍回的照片：一个小贩用一口像中国大圆台面似的平底锅在煎一大堆各色香肠，旁边尽是持币待购的食者。香肠在西方人那里，真有点瘾君子之于香烟的意思。

像马戏团的小丑或索菲亚·罗兰、安吉丽娜·朱莉那样的丰唇，人们管它叫"香肠嘴"，性感的标志，记得范冰冰也是如斯搞笑过一回的，就像有人常常喜欢模仿梦露欲压还放被风吹起的短裙下摆一样，非常具有喜剧色彩。但你若口无遮拦地说某某女士长得像"香肠"，情况就大不一样了，当心吃不了兜着走。前不久，美国一名当红体育主播在现场广播节目评论时，调侃一名女同事"上衣穿得太紧了，紧到像是被包在'香肠肠衣'内"而遭到暂停播报两周的处分。

好看未必好吃，好吃未必好报，比如香肠。

作为融入世界、成为全球文化对流中的一方，中国也在逐渐地被香肠"包围"，休闲娱乐场所随处可见在圆筒上滚着的台湾热香肠、熟食店里畅销的牛蒡大红肠等等，早已摆脱了"小菜"的概念，成为另类的"巧克力"或"开心果"。不过，任凭香肠如何折腾，我最喜欢吃的还是小时候吃到现在的香肠咸肉猪油菜饭，此所谓"青春'肠'驻"。

精彩红烧肉

现在，随便跑到哪家稍微家常一点的饭店，老板看你点菜完毕，总要询问一句："要不要来只红烧肉？我们这里的红烧肉老灵格。"一般人多半无可无不可地应允下来，理由是，家里已经好久未烧这味菜了。

记得美食评论家邵建华兄这样描写一块好吃的红烧肉："上席时，那块红烧肉还抖抖晃晃，红润润，极有个性的香气直蹿鼻腔。用筷子轻轻一拨，顿时瘫趴下来，酷似肉皮的表层却是一层肥肉，抖抖地夹一块入口，滑软滋润感顿时充满口腔，让你情不自禁立马运动舌头、牙齿，稍不留神，那股妙不可言的油汁还会顺着嘴角流淌下来……"（《去它的"肥而不腻"！》）肉，烧到这个程度，对于中国人来说，是心向往之；对于外国人来说呢？我猜想，避之唯恐不及。

西方人对于猪肉的重视远不及牛羊肉，这从他们的经典菜谱里可见一斑。揆诸中土饮食历史，基本与西人相似。至少在宋代是这样。《后山谈丛》上说："御厨不登彘（猪）肉。"意思是猪肉不入御厨的法眼。另一则证据，是苏东坡说的："黄州好猪肉，价钱如粪土；富者不肯吃，贫者不解煮。"（《猪肉颂》）看得出，那时，猪肉

的地位实在不高。

真正使猪肉与牛羊肉等量齐观的有力推动者，是苏东坡，他创制的红烧肉（民间称之为东坡肉），打通了猪肉和牛羊肉的级差，使之成为了一道中华美食。要烧成功一味红烧肉，苏东坡总结了几个诀窍：一是要小锅煮；二是慢火少水；三是自熟莫催；四是火水相济。

有一定体积感，是东坡肉的特征，小块肉不能算。我曾为此闹过笑话。好多年之前，东坡肉只在杭州的某些饭店才能吃到。那天，我和同事到浙大附近的一家印刷所看校样，中午，主人请客吃饭，问我："东坡肉来一块吧？"我想，所谓"来一块"，是个"虚"词儿，相当于上海的"喝杯茶"，其实决不会只有一杯。因为害怕主人多叫以致浪费，我干脆挑明了说："不用多叫，两块足矣。"主人稍稍一愣，喏喏而去。结果很惨，我硬着头皮将两块拳头大的东坡肉吃完，以致一桌子的其他美味佳肴，碰都不敢碰。从此以后，凡是饭局上有人提议"一人一块东坡肉"，我总要说："当心吃不了，还是打个对折大家分享吧。"教训可谓深刻。

由东坡肉带动了人们品尝猪肉的热情，并加以发扬光大，坛子肉、栗子红烧肉、百叶结红烧肉、黄鱼鲞红烧肉、白煮蛋红烧肉、茨菰烧肉、霉干菜烧肉等等，风起云涌。

在著名的历史人物中，毛泽东与红烧肉也极有缘分。在宴请秘鲁哲学家门德斯时，老人家对桌上的一碗红烧肉有过点评："这是一道好菜，百吃不厌。有人却不赞成我吃，认为脂肪太多，对身体不利，不让我天天吃，只同意隔几天吃一回，解解馋。这是清规戒律。革命者，对帝国主义都不怕，怕什么脂肪呢！吃下去，综合消化，转化为大便，排泄出去，就消逝得无影无踪了！怕什么！"（周而复《往事回忆记录》，《新文学史料》1997年第一期）其气度之恢宏，无出其右者。据警卫员李银桥回忆，在指挥三大战役时，毛泽东对他说："你只要隔三天给我吃一顿红烧肉，我就有精力打败敌人。"事实上，专家认为，红烧肉没有想象的那么可怕，毛泽东的判断大致不误。有趣的是，因为毛泽东喜欢吃，"毛氏红烧肉"竟然成为韶山的地方特产，甚至还成了湘菜的主力。

红烧肉口味各异，但烧法差不多，浓油赤酱是基本规则。但"毛氏红烧肉"别出心裁——不放酱油！"红"，竟是用将糖放在油里炒熬形成的。"主席为什么不吃酱油？"许多年来大家猜不透，又不敢问。后来，专列上有个服务员小刘勇敢地向毛泽东提问。老人家告诉小刘，他最初是吃酱油的，他的家一度开过酱油作坊，有一次，他偶然打开缸盖，发现酱油上漂着一层浮动的蛆，感到非常恶心，从此再也不碰酱油了。答案之简单，真是出乎人们的意料。

对于红烧肉，我印象较深的是一位做餐饮的朋友烧的，其最大的卖点是"鲜活"——猪是他在家乡绍兴放养的，特供，吃口当然与众不同。我还吃到过一味红烧肉，则以家常取胜：用自己晒干的长豇豆搭配肥瘦相宜的新鲜猪肉，油水被豇豆有效吸收，肉香和菜香齐飞，互惠互利，实现了双赢。

那些从前弄堂人家的常馔，现在已没有多少人愿意"复制"，所以一吃起来，备感亲切，滋味悠长……

猪头肉　三不精

　　猪头肉，三不精。这句话的原意，是形容水平就像猪头肉，要肥不肥要瘦不瘦，全会全不会。这算不得是一句骂人的话，只是对那种显摆才艺而实际技术上并不臻于精湛状态的描述罢了。

　　据说"猪头三"实际上是"猪头三牲"的藏尾语，意思是拎不清、戆大。我推想，那句骂人的"猪头三"，也很有可能是"猪头肉，三不精"的缩略语，原本也只是调侃，并不含侮辱人的意思。

　　猪头肉里包含着猪肉的一切元素，然而我们却很难找到猪肉当中最让人期待的东西——精肉。有时我们好像发现了一点精肉的蛛丝马迹，比如在一堆白乎乎的絮状物当中隐约可见一团或一丝粉红色——这应该是精肉的所在，勘探的结果总让人遗憾，它不过是精肉的"胚胎"罢了。说精肉，对；说不是精肉，也对。你认定它是精肉，它决不给你"硬扎"的感觉；你认定它是肥肉，它又决不让你有全是脂肪的印象。

　　猪头肉实在让人难以定义。

　　好了。让人难以定义那就不定义吧，重要的是我们可以从中得到些什么。

　　我小的时候看见弄堂里的邻居（好像都是家里财务状况不佳的），用一根粗草绳提了只硕大的猪头，就会想：这可怎么吃呢？

所以对此一直好奇，觉得很神秘。

童年时我住在堪称市中心的南京路成都路一带。有一回，母亲差我到成都路北京路口的一家门面极小的熟食店买大约两角钱的蜜汁豆腐干，并嘱咐说："去三楼，看看亲妈（邻居阿婆）要带哦？"

"要带？"带啥？为什么不说清楚？原来，约定俗成的是，亲妈要的只是一角五分钱一包的猪耳朵，多少年来，一成不变。

这是我对于猪头肉的一分子——猪耳朵的最初认识。

和我差不多大的人一般都清楚，从前我们常说"国家既无内债也无外债"，至少在 20 世纪 50、60 年代是这样。其实外债还是有一点，是欠苏联援助我们建设新中国时给予我们的一点技术和物资的债。苏联也怪，他们要我们回馈的东西，其中一部分竟是猪尾巴。当时我就作沉思状：幸亏他们要的是我们弃之如敝屣的猪尾巴，要是他们看中的是猪头，那就断了那些买不起排骨、蹄髈、腿肉而就廉价猪头的同胞的食路。

现在看来，我那时确实年幼无知，不知好坏。当然，比我年长的大人们也不见得高明。如今，在一些品牌熟食店，在一些大型超市的熟食柜，猪尾巴的价格之昂，让人看不懂。再看看猪耳朵、猪鼻子、猪舌、猪脑……哪个不是比猪腿肉还贵！饭店里的一盘猪耳朵，属于高档菜。一般人点一道红烧肉还气宇轩昂，若要点猪耳朵，难免有点"抖豁"了。

李劼人《死水微澜》里头有句名言："世道不同了！"其他不说，就看食者对于猪头肉态度的转变，可知世道确实不同了，变得让人对自己的判断力也不敢相信。

清末民初，扬州法海寺以一道冰糖煨猪头为拿手好戏。我没吃过，只能转述唐鲁孙先生的意见。据说，冰糖煨猪头这道菜用的猪头，是靠近姜堰农家饲养的猪。那里的猪，头上的皱纹特别少，而且细皮嫩肉。程序是：先将猪头用碱水刷洗，拔尽猪毛，切成四或六块，用浓姜大火猛煮，待水开，将猪头夹出，用冷水冲洗，换水再煮，反复六七次。见猪头熟烂，将其骨骼一一拆除，整块放入砂锅，分成两锅。砂锅锅底放干贝、淡菜、冬笋，然后把猪头肉皮上肉下放在上面。另放纱布袋装的桂皮、八角，加好的生抽、绍酒、葱姜和水，以盖过皮肉为度。盖子盖严。用文火煨约四小时，撒冰糖屑于肉皮之上，再煨一小时，便可上桌。在唐先生眼里，这道冰糖煨猪头，"猪皮明如琥珀，筷子一拨已嫩如豆腐，其肉酥而不腻，其皮烂而不糜，盖肉中油脂已从历次换水时脱矣。"

冰糖煨猪头这道菜，在上海的一些老字号扬帮菜馆里是招牌菜，但只是挂牌而已，实际上很难品尝得到，原因是：一、店家不会做，做不好；二、食客不懂吃，不敢吃，自然差不多失传了。

所以，我这样详细复述烧法，恐怕也是白搭。不能如法炮制，过程之烦暂且不说，猪头之不可得，要算是最大的难处。读者可去菜场观察，从前被视作最为低档、随地一丢的猪头，如今还见踪影吗？早就成为食品加工企业或饭店的囊中之物也。东北名菜扒猪脸，和冰糖煨猪头烧法类似，但显然不及后者考究。

由冰糖煨猪头想起一件事，我小时候看到那些买猪头回家烧煮的人，好像以苏北人居多啊。看来，当年喜欢买猪头的人，不仅因为穷，还因为很有群众基础和乡情。

家乡咸肉

春节前，在阳澄湖莲花岛上专事养蟹的老朋友朱建明兄送我一大块家乡咸肉，摊开，足有一张转椅的面积那么大。

从蛇皮袋里费劲地把肉取出，顿时傻眼，只见那块咸肉"膘"悍得不得了，如果它的横截面可划出五个等份的话，瘦肉——我谓之精华的部分，只占五分之二不到，其余都是白花花的肥肉和有些透明的皮层，连皮带膘，厚度约达五厘米！

"这咸肉咋吃啊！"当时脑子里糨糊起来。一转念，咳，怎么不能吃呢？把其中"白花花"的部分剔除扔掉不就成了嘛。

家里的切菜刀不行，还得拿到菜场里面请教肉摊上那把硕大的斧头刀。肉庄师傅一见那块咸肉，还未问"怎么斩"，就发出轻轻的叹息："这种肉，现在已经看不见了。"转而问道："是自己养的吧？"我清楚，他决不会认为我就是那养猪的主儿，意思只是那口猪，既不是工厂化的产品，也不是农村里集中圈养，而是农家自个散养的，因为只有这种饲养方式，才能成就如此巨肥。"老弟，不是内行人，是不知道这是块好肉嘀！"我一句话没来得及说，都让他抢白掉了。本来我还想"指挥"肉庄师傅怎么怎么处置，经他叽里呱啦一说，生怕做了"戆大"，便缩了回去。

肉庄师傅三下五除二,一大块肉被斩成了七八块,往两个大马甲袋里一扔,然后,拭刀,收摊,准备回去吃年夜饭。

我虽被他的自说自话说服,但这样的"白花花"谁能消受?于是惴惴,以致无眠。

初二,岳父母一家上门。太太倒也成竹在胸:把其中的一块咸肉放到大锅里煮一下,捞起,换水再煮……此时,家养猪特有的香味逸出,客人们都不由自主地往厨房张望。

上菜。我一看,白切,一大盆,白花花,仍是五分之二不到的瘦肉并五分之三多的肥肉。这不是让老人"惊悚"吗?接下来的一幕令我目瞪口呆:两老对着那盆咸肉,筷头一而再,再而三,三而不竭;最有趣的是平时挑精不拣肥的小侄子,居然"罢黜百菜,独尊咸肉",吃不停,以致他的父母连下几道"黄牌"警诫。

看不懂?真是看不懂。家乡咸肉,平时经常从超市里买,一封十几元,我们从来都是挑精的,最好皮下就是精肉;有时看上去即使肥的部分多了些,基本上也就是上摸一寸就碰到皮质了,像建明兄送的那种咸肉,怎么会有销路!可是咱们也不想想:猪皮底下就是精肉,这猪会是怎么养的?

于是还是惴惴,无眠。窗外并无爆竹声响起……

春韭秋茄

有句话说得好：爱情就像洋葱，一片一片剥下去，总会有一片能让你泪流满面。但，流过泪的爱情将变得更纯洁更甜美。那就让我们为了更纯洁更甜美的爱情，剥一回洋葱吧。

「芹」有独钟（上）

　　以前，菠菜被认为含铁丰富而备受追捧，突然有一天，有人发表文章说，其实菠菜含铁量并不多，之所以"多"，是有人在计算含量时，误把小数点往后移了一位！如果这是真的话，那是开了一个国际玩笑。

　　虽然也许是个误会，菠菜吃多了，也不见得有多少坏处，顶多是有点吃厌或者破费。要是换了芹菜，那后果就很严重了。

　　有一种说法流行甚广，即吃芹菜可以壮阳。史载，欧洲的僧侣曾被禁止食用芹菜，大概是教皇害怕他们"走火"。我记得中国的佛教徒也不大吃芹菜，意思或许不是为了禁欲，因为芹菜和韭菜相似，都属于"荤菜"，佛门忌口。如果这些说法确凿，那些 ED 患者倒可以欣喜一阵了，毕竟，芹菜既可当作蔬菜，又可节省用来购买伟哥的用度，用陕北婆姨的话来说：美得太了（太好了）！

　　而事实上，这是一个混账说法。国外的专家经过实验后得出结论：芹菜非但不能提高男性性功能，而且多吃了还会杀伤精子，以致难以让女子受孕。我以为，那些所谓的"不孕症患者"，不妨敬而远之。

　　当然，公道地说，芹菜并不能全部担当起"亡种"的责任，其他的原因还得找一找。

芹菜是蔬菜当中非常美妙的品种，它的药用价值繁多，使它荣膺"药芹"的佳誉。芹菜还有一个让美眉们大感兴趣的地方，那就是它的减肥功能。由于芹菜当中含有大量的水分，而且大约三分之一的成分是纤维，那些东西进入胃肠，很难被消化，让人只感觉到"饱"而不产生热量，多好！

问题又来了。身体是变瘦了，可美白的理想却要泡汤。

芹菜是一种富含光敏物质的植物，吃多了，会增加人体内的"补骨脂素"，使人体吸收阳光的能力变大，以致皮肤出现斑点或变黑。追求"美白"的人是不喜欢和阳光亲密接触的，尽管她们的爱美之心非常阳光。白种人不太理会什么"美白"之类，"你值得拥有"的欧莱雅的美白系列，针对的目标人群就是黄皮肤的亚洲美眉，所以金发女郎们可以肆无忌惮地大啖芹菜，来增加补骨脂素，以便快速地把自己皮肤晒成小麦色，显出有钱人的风范。

很难想象，芹菜在古代欧陆是被作为香料看待的。手头正好有一本《香料鉴赏手册》（Richard Craze 编著，上海科技出版社出版），里面的芹菜正和芥末、肉桂、孜然等为伍，是古罗马人发现了它可以用于调味，而在这之前，古埃及人则把它当作了药。在图坦卡蒙（埃及第十八王朝的国王）的陵墓里，发现有野芹菜的种子。因为有芬芳的香味，芹菜作为香料使用是可以理解的，但同时，它的味道却是苦的，这也应了"良药苦口"这句老话。

「芹」有独钟（下）

虽然出道很早，但野芹直到 17 世纪才被意大利人栽种。

中国出现"芹菜"的时间相当早，比如《诗经》中说"觱沸槛泉，言采其芹"；《吕氏春秋·本味》曰"菜之美者，有云梦之芹"；杜甫《崔氏东山草堂》道："盘剥白鸦谷口栗，饭煮青泥坊底芹"；苏东坡被贬黄州，闲来无事，创造出了"蕲芹春鸠脍"这道名菜；明代文坛祭酒陈继儒吟"春水渐宽，青青者芹，君且留此，弹余素琴"……都证明了这一点。但他们说的是不是现在的旱芹，则大可商量。薛理勇兄根据古代的"芹"大都从"水"这一点，推测此"芹"大部分为"水芹"。对此，我基本同意。不过，具体到明代，当要小心，不光因为《本草纲目》提到了"旱芹"，界定了旱芹和水芹，还因为明代中外交通频繁，引进物种已成常态。

现在有些人喜欢把自己的著述或送礼称为"芹献"或"献芹"，表示菲薄之意，其来源于《列子·杨朱》："昔人有美戎菽，甘枲茎、芹萍子者，对乡豪称之。乡豪取而尝之，蜇于口，惨于腹。众哂而怨之，其人大惭。"大意是，从前有个人觉得水芹等很好吃，就向乡里的有钱人家推荐这些菜，那有钱人拿来品尝，不料嘴巴被刺，肚子生痛。大家都嘲笑那个人，让他感到很羞愧……初衷美好，但别人吃不来，有点吃力不讨好。可见当时芹菜不被认可。

即使如此，辛弃疾还是"一意孤行"，写成《美芹十论》，给丧魂落魄的皇帝献策。结果，南宋小朝廷当然也像那个"乡豪"一样不识货。

用现代的眼光审视，可笑的，不是献芹的人，倒是拒绝芹菜的人呢！吃芹菜"惨于腹"已经够稀奇的了，还要"蜇于口"，荒唐至极！只能说明那个乡豪的嘴巴只配喂食婴儿吃的奶糕。

有人考证古人食量大小，援明代秦淮旧院一流人物董小宛例，说她食量极小，一天两顿，只是"水芹数茎，豆豉几枚"。这是很难令人信服的，我觉得小宛分明是为了减肥。选中水芹作为果腹的食品，只能说明她深谙减肥之道。

如果你能留意的话，不难发现，作为人名，芹菜的采用率大大高于其他蔬菜。你听说有薯、芋、菠、韭、蒜、生、蕹、笋等菜作为人名的吗？即使有，也极为罕见。相反，芹菜倒是个例外，曹雪芹是最有名的，著名作家有周克芹，台湾有个知名教授叫吴鲁芹，导演黄蜀芹的名声也够响的，最近上映的《红楼梦》中贾母的扮演者周采芹也早已成名，至于叫"芹"或"小芹"、"美芹"的，那就多得一塌糊涂。其中的关键，是芹菜自有一种低调而清高的品格为人所乐于接受。

有些地方的人以为"芹"与"穷"音近，故改称为"富菜"，但在广东人那里却因为"芹"与"勤"同音，都喜欢给小孩吃芹菜，寓意勤奋向学，真是"人心隔肚皮"。

芹菜不上台面，极少看到酒店菜单上罗列"芹菜"者，实在不大懂得其中原委，推想是芹菜有"菲薄"之意。就居家饮食而言，芹菜则是最受欢迎的一种。我顶喜欢的一种吃法，是将芹菜用开水焯一下，切入香干丝，辅以麻油、开洋，香气馥郁，百吃不厌。还有一种便是芹菜炒牛肉丝和芹菜炒鱿鱼也是经典吃法。除此，好像难有作为。

酒店里虽然难见芹菜，但芹菜的一个"海外关系"却颇有人气，那就是西芹。其硕大粗壮，和中国的旱芹相比，简直是一个老虎，一个小猫。西芹，纤维更加粗犷，滋味难以渗透而寡味，通常伴以白果或百合，属于"淡淡联合"，更加淡不拉叽了。这道让人口中"淡出鸟来"的菜肴，却是宴席上的宠儿。为何？或许是姓洋的缘故吧。

水芹若烧得恰到好处，有滋有味有清香，总是要比旱芹更受追捧，当然其价钱要比旱芹贵了许多。而在水芹之上的，要数白芹。这种时尚蔬菜，现在只出现在比较高档的酒席当中，形状更像是金针菇。溧阳和如皋均是白芹之乡，靠它拉动了不少 GDP。白芹也许就像是白色的老虎一样，格外稀奇，也就格外地让人宝贵。种白芹的菜农，白芹的出手价为 40 元一公斤，从餐馆里出售的价位可想而知，难怪不少人对之茫然无所知了。

根中的玫瑰（上）

◆ ◆

曾经被列入富国的冰岛，在金融海啸的冲击下，陷入经济危机的漩涡之中而无力自拔，许多银行、企业及家庭等濒临破产。令人难以想象的是，原本在冰岛生意兴隆的麦当劳，在不久前居然宣布从该国撤退了……

是冰岛的老百姓买不起汉堡包，还是麦当劳经营不善？都不是。让快餐之王黯然卷铺盖走人的罪魁祸首，不是别的，正是洋葱。

按有关规定，麦当劳所有在冰岛出售的产品包装、肉类、蔬菜、芝士和各种独特酱汁等，都必须从德国进口。据说在冰岛，原先一个汉堡包里洋葱的价值已经占了成本中的很大比重，又由于冰岛克朗汇价大幅缩水，进口货的成本急增，如买一公斤德国进口的洋葱，要付出相当于一瓶上好威士忌的价钱，再加上当局向进口食物征重税，要保持最低限度的盈利，就得提价，但这样一来，就完全失去了竞争力。有消息说，在麦当劳关张的前一天，为了最后解解馋，首都雷克雅未克的市民排着长队购买自己喜欢吃的汉堡包。

麦当劳败走冰岛，可以作为案例编入 MBA 教材。专家指出，当初麦当劳进军冰岛本身就是一个错误，因为公司不了解冰岛不出产汉堡包中的重要原材料——洋葱，它必须从国外进口，而且价格昂贵。在起跑线就已输了的麦当劳，再遇该国经济危机，利润加速缩水而且浮亏，不溃败才怪。

这种事在中国不会发生，如果因为洋葱的缘故，那是令人不可接受的。我们有的是洋葱，价格也低廉得可以不当一回事儿。毫无疑问，这是供大于求使然。一般家庭买个洋葱，如果不作蔬菜来吃，十天半月还没转投他胎的，绝不稀奇。洋葱因为气味"另类"被不少人家拒之门外；更多的人不知道洋葱有什么用处，比如可以做成什么菜、派什么用处等而对它熟视无睹，但在欧美诸国，则大相径庭。

我们先不说洋葱在哪些国家的餐饮当中充当着怎样重要的角色，只说它所受到的尊崇待遇，即可知其颇有王者之相。

英国名作家史蒂文生对于洋葱很有好感，称之为"根中的玫瑰"。西方人对玫瑰是尊崇有加的，洋葱能够成为类比对象，实在不是浪得虚名。

古代哲学家把洋葱一圈圈的纹路，看作是宇宙的缩影，作为天文学的教学仪器。于是，古埃及人便将它看作是永恒的象征来起誓。因为洋葱像圆圆的月亮，古代阿拉伯人视月亮为神圣，让人膜拜……在中世纪时的欧洲一些国家，洋葱可以作为结婚礼品、交付租金、抵债物品，俨然"硬通货"。

一只洋葱能换十条鸡腿？这可不是"投机倒把"，这在以前的欧洲确实被看作是公平的交易。我们知道，"二战"时一双丝袜的价值之大是现在的人不敢相信的，但和洋葱比起来，简直不算什么。1941年，为了募集资金购买军火，英国举行过一次拍卖，一只洋葱被作为拍品隆重推出，落锤价竟达3000英镑！或许看官以为这里边更多的是取决于拍卖的内涵独特，不过，至少，拍品自我价值已具备了相当的变现能力和受到热切的关注，才能得到哄抬和炒作，是明摆着的道理。

有一则关于洋葱的传奇故事广为流传：美国南北战争时，北军总司令格兰特（后来成为美国第十八任总统），给陆军部送去一封信，其中写道："没有洋葱，我就不能调动我的军队。"第二天，陆军部火速派人送去三列车洋葱。我想，格兰特将军之所以看中洋葱，并非因为它值多少钱，而是它的保健医疗功能。

最近一段时间，报章杂志集中火力，对于"养生专家"张悟本一伙口诛笔伐。这是非常需要的，让那些"伪科学"盛行，势必要使善良而求生心切的人们遭殃。其实，世界上"包医百病"的食品虽然是没有的，但能够有效治疗近乎"百病"的食品也不是没有，比如洋葱。日本有位顽固性高血压患者，在每年洋葱上市时节，血压就变得很正常。医生感到很诧异，后来一调查，发现他在这段时间里吃洋葱吃得不少，医生便用洋葱煎水做成治剂让患者服用，两年之后，患者的血压正常了。神奇。当然，洋葱还有数不胜数的保健效果不为人知。

话说回来，用洋葱作药，相当难吃也是事实，令人望而生畏，比方葡萄酒与洋葱的合作。但洋葱确实是个好东西，众所周知，可就是少有人响应。显然，不好吃这一点，是其软肋。设想一下，如果张悟本们推广的是洋葱而不是什么生茄子、绿豆汤之类，大概还不至于如此身败名裂。遗憾的是，骗子终究是骗子，他们总是要让那些屁颠屁颠跟他走的信徒"吃药"——那些没有疗效的"药"。

根
中
的
玫
瑰
(中)

把洋葱说成玫瑰真是不乏其人，另一位英国文学家罗伯特称赞洋葱是"蔬菜中的玫瑰"。照例说，第一个把姑娘比作花儿的是天才，第二个把姑娘比作花儿的便是蠢材了。为什么有人甘冒被斥之为蠢材的风险而力挺洋葱呢？答案只有一个：爱之弥深。

有个朋友跟我较真：何以把洋葱说成"根中的玫瑰"？我怎么知道！推想是洋葱的球茎，也就是通常被人看作是"根"的部分，其色若玫的缘故吧；或说，还有什么植物的"根"，能像洋葱那样地美丽可爱？它当然可以担得起"玫瑰"的佳誉了。

世界上有许多的怪事，见多了，便不觉其怪，其中之一就是"发明权"的争夺，比如探戈，阿根廷说是它发明的，西班牙说是它发明的，这场官司自然没有结果。这倒也算了，最滑稽的是，一时二时说不清道不明的，一定有人会往一位"老娘舅"身上推，那就是哥伦布——谁让他作了环球航行，跑东走西脚头散得不行？他既是普罗米修斯，又是潘多拉魔盒。美洲大陆上的洋葱就被认为是哥氏带去的，而事实据说不是那样的。美国国家洋葱协会，是专门研究洋葱的组织，相当于我们这里的"红楼梦研究学会"，或者"作协"里头专门从事为作家开作品研讨会的那种机构，"捧"，当然是其工作的重心。他们的研究表明，三百八十多年前，英国第一批新教徒，怀揣着常吃的洋葱，乘"五月花号"来到美洲大陆。那些自认为是来"播种"的家伙，突然发现这里的野洋葱已经到处都是了。后来，因为深恨之，他们用印第安语中"讨厌的野生洋葱"一词命名了一座城市，那就是芝加哥。

中国洋葱的命运似乎也被折腾得厉害。有一种说法是，洋葱传入中国约在 20 世纪初，传到福建约在民初，传到广州则在 40 年代……我想，其说大概来源于两部近代文献——《上海县志续志》和《嘉定县志》，前者云："洋葱，外国种，近因销售甚广，民多种之。"后者云："洋葱一名玉葱……地下之鳞茎，扁圆如拳，佐肉食，味颇佳，原系欧洲种，庚子以来，销售日广，民多种之。"但有人却不乐意了。我看过一位学者的文章，引经据典，辩驳说："葱，其冠以'洋'字，为洋葱，极易让人联想是从海外移植而来。其实，洋葱在唐朝就在我国栽培了，当是西汉时张骞出使西域，带回了许多西域物产，洋葱是其中之一，不过其名曰'胡葱'。"并举出许多例子来证明洋葱并非近代舶来，至少在宋元时就有了，比如，五代时后蜀翰林学士韩保昇所撰《重广英公本草》、北魏贾思勰的《齐民要术》、宋人李昉等编纂的《太平御览》、宋人苏颂的《开宝本草》、元人《饮膳正要》、明李时珍《本草纲目》等等，都提到了"胡葱"、"回回葱"。他意思很清楚，"胡"和"回回"都有点"洋"的意思，所以，"胡葱"、"回回葱"就是"洋葱"了。

此公大谬。你看，《本草纲目》："蒜葱，按孙真人食忌作胡葱，因其根似胡蒜故也。欲称蒜葱，正合此义。"所云"其根似胡蒜"，哪里会是洋葱的模样！

我小时候，母亲遣我至菜场买葱，再三关照"不要买胡葱"（胡葱和小葱有点接近，小孩子粗心容易搞错），可知胡葱确有其物。说得简单点，我们吃北京烤鸭时的夹饼中应该放几根青白色的葱丝，那就是胡葱，大葱中的一种。

1910年上海环球社出版的《图画日报·行业写真》，是上海民俗研究者必备的参考书，我在《卖胡葱》一则里特别注意到了其中的顺口溜，谓："胡葱滋味殊特别，绝无葱臭肥而洁。青者不如黄者佳，异于食菜去黄叶。食葱闻道气能通，只为心虚葱管空。我愿世间肠笨者，开通智慧吃胡葱。"

胡葱是什么东西，还不清楚？

不管洋葱究竟是什么时候在中国大地出现的，它从域外传来却是铁板钉钉，我们不需要装老大。

诺贝尔文学奖获得者、德国著名作家君特－格拉斯在其新著《剥洋葱》中，披露了自己一个重要的身世秘密：曾在1945年参加过法西斯德国的党卫军，时年17岁。一时舆论大哗，但多数人还是给予同情，主要是他以"剥洋葱"的老实态度，把自己真实的一面一层一层地展现给读者。我相信那些道貌岸然的巨贪们是没有这个勇气的，因为他们本来就不是低调的洋葱，既不具备坦然让人"剥"的襟怀，更没有足够的抗病毒的免疫功能，倒更像金玉其外、败絮其中的柑橘，虽然他们孰不巍巍乎可畏，赫赫乎可像也，看上去比洋葱高贵多了。

根中的玫瑰（下）

如果洋葱只是被作为"玫瑰"来观赏的话，那么，我可以负责地说，它比仙人球都不如。毫无疑问，洋葱的使用价值远远大于观赏价值。当然，我们还得要把它的药用价值剥离开来，去关注它的食用价值。

聂凤乔先生所著《蔬食斋随笔续集》中说："法国人引为骄傲的洋葱汤，是一种掺有大量洋葱的牛肉清汤；煨牛肉要用十个新鲜的小洋葱头；李干焖兔肉，要用十个小白洋葱头。西方许多国家的菜肴也是如此。意大利的意大利面条，用两个洋葱头，热那亚式米饭要半个；德国的汉堡牛扒，必须加二两炒黄的碎洋葱；瑞士的苏黎士牛肉片，要加四个剁碎的小洋葱；匈牙利的豪拉斯鱼汤，是一种辣鱼汤，要加两个洋葱；罗马尼亚的焖牛肉，用一个洋葱；索马里菜有洋葱拌辣椒，苏丹人的主要副食有洋葱，苏格兰还将洋葱麻雀汤当作老人的御寒良药……"

洋葱在烹调中的作用，庶几一览无余。总之，用法国名厨师杰利的话来说："要是没有了洋葱，烹调术也随之消失了。"

许多人嫌外国人香水用得太重，冲鼻。倘若明白了洋人的饮食与洋葱结下的不解之缘，可知他们完全是有的放矢的。与其说是求香，不如说是为了抑制体味——由食用洋葱而引发的那种气味，有点臭。

我们也是吃洋葱的，有时要避免对人"气骚扰"，怎么办？我们不会用喷洒香水的办法，那么只有干脆不吃，或，算好了时间吃。内子在学校教书，有时想到烧一只洋葱牛肉丝给家里人解馋，肯定要选好自己以及家人次日不进行社交活动的时间节点。在她看来，给人以不舒服的体味刺激是绝对不礼貌的。这种现象的产生，只能说明我们的洋葱消费实在很少。倘在外国，人皆欣然食之，好比久居鲍鱼之肆而不闻其臭，彼此彼此，哪里用得着我们这般小心翼翼？

打开江南一带的食单，用洋葱作辅料的不太多，若在北方，情况大不一样。北方人吃大蒜吃洋葱吃大葱，成为日课。到饭店吃饭，点一只爆炒羊肉片儿，没有其他信息可琢磨。上菜一看，底下净是洋葱，一点事儿没有。这要发生在江南风味的馆子里，那可不得了，一定闹腾起来。教训是，给南方人吃洋葱，一定要先"安民告示"，否则难免自取其辱。这是不是意味着北方人豪爽南方人褊狭？非也，只是习惯使然。

本地有个购物频道，叫卖德国米技炉（电磁灶），演示炸大虾，几只大虾上面，居然放着十几根洋葱丝。由此推断，商家站在了德国人的饮食立场或推广韩国吃法（那个频道被韩国企业租用）。若是本地人，炸大虾不大会用到洋葱丝，至多是蒜茸。有趣的一例，可以看出万种风情。

我很少看到有人生吃洋葱（沙拉除外），唯一的是看见同事"三撒"吃过：不管别人喝五粮液还是二锅头，饭局上，这位仁兄只要一瓶干白、一盘洋葱切丝。放些洋葱在酒里是一种吃法，至于连带着将洋葱一并吃完，笔者始终未曾追究。葱酒俱下，我相信这对他敏感的身体有利，不过就其做派而言，我的担心多余了：养生之道，他比我懂得多。

蔡澜先生说他在武侠小说名家倪匡家里生吃过"像梨"一样甜的洋葱，令人歆羡。许多人只知道洋葱的辛辣，事实上确有一种黄洋葱是偏甜的。我不知道倪匡家里的洋葱是否就是那种黄洋葱，私心里希望此间能够引进或培植出"梨洋葱"和"洋葱梨"什么的，成为国民之常馔，也许有助于减少医保上的开销。

大抵是因为《洋葱头历险记》的缘故，洋葱头总让人觉得是可爱、冒险和好玩的象征。本次世界杯阿根廷队表现不凡，与教头马拉多纳的指导不无关系。马大帅小时候在"小洋葱头队"踢球，九岁时已名满全国，当时的教练可不想把马氏培养成一颗被人"斩"的"葱头"，而应该是敢于冒险进取的"葱头"。他做到了。

有消息说，《怪物史莱克4》最近就要公演，它让我想起先前史怪物说过的一句话："人生就像洋葱一样，是有层次的，剥开会令人流泪。"人分层次，但吃洋葱是不分层次的，即使孵咖啡馆的人也不会拒绝洋葱，除非不喜欢；至于流泪，自然也是不分层次的，甚至有人还很认同它的好处。有句话说得好：爱情就像洋葱，一片一片剥下去，总会有一片能让你泪流满面，但流过泪的爱情将变得更纯洁更甜美。

那就让我们为了更纯洁更甜美的爱情，剥一回洋葱吧。

五茄久著珍蔬号（上）

◆　　　　　　　◆

　　拍集体照时，摄影师按快门之前，总要指挥大家跟着他念两个字——茄子（欧美人念 cheese）。有人研究过，口念"茄子"的时候，脸上的表情最为愉悦，"笑"得最为恰到好处：既不会"血盆"大开，又不致"樱桃"紧闭，尤其是消灭了拍照时最容易出现的"打哈欠"和"闭目养神"的懊恼。虽然所有人的笑容像是一个模子里压出来的，和谐了，不过，倘若事先未能"统一思想"，喊出来的"茄子"也难免七翘八裂，有念"茄子"的，有叫"伽子"的，有喊"落苏"的，有嚷"矮瓜"的……反而看上去像哭，像笑，像唱歌，像朗诵；像含橄榄，像吐唾沫。事实上，几乎所有人都有理由认为自己是正确的：难道"茄子"不是这样叫的吗？

　　没错，那些被人叫做"伽子"、"落苏"、"矮瓜"的，指的是一样东西：茄子。

　　茄子的原产地是印度（哎，我怎么觉得茄子的圆咕隆咚和印度人的体态有些神似），魏晋南北朝时传入中土，又于清季经中国输出日本。李时珍《本草纲目》中说："茄，一名落苏，名义未详。按《五代贻子录》作酪酥，盖以其味如酥酪也，于义似通。"我觉得这

是可以商量的。因味如酪酥而音转于落苏，勉强得很。茄子的味道怎么会像酪酥？无法想象，我倒以为，落苏这个叫法很有可能是在茄子之前。一般来说，两个不太相干的字放在一起，从字面上无法推测其究为何物者，大都是舶来品，比如枇杷之类。这当然只是我的假设，没有学术上的根据。

有人也许对于茄子何以变"瓜"（矮瓜）百思不得其解。这里面牵涉到了古代中国人的一项创新发明。当初茄子进口时就是圆的。唐人杜宝《大业拾遗录》，记隋炀帝（大业）时掌故，里面有一段提到："四年，改胡床为交床，改胡瓜为白露黄苽，改茄子为昆仑紫瓜。"昆仑紫瓜，是说这种紫色的瓜，来自西域昆仑山，但是，到了元代，也许某个中国人觉得这种紫色的瓜不好贮藏、运输、切分，便将它培育成了长条形状。过去，我们对美、日把西瓜种成方形佩服得不得了，那么我们是否也应该对几百年前的中国智慧脱帽致敬？

我对于像瓜一样的茄子倒并不陌生，盖因中学时代到兰州旅游，看到当地人如何把像只黄金瓜样的茄子切片炒来吃，吃惊不小。如今想来，真正让人觉得罪过的，正是我们江南人吃的那种细长的条形茄子。是我们把人家的种气改掉了！看，英文里的茄子写作 eggplant（蛋形植物），很能说明问题。

就形状而言，茄子是蔬菜里最为怪异的，有圆形的圆茄，有条形的长茄，有不圆不长（或既圆又长）卵形的矮茄（样子接近捣衣的棒槌和捣芝麻的杵）。基本的分布是北方流行圆茄，南方流行长茄。上海地区很少见圆茄，最多见的是长茄，近年来小菜场也有卵形的矮茄出售，不过因为看上去实敦敦的，不大讨人喜欢。最受上海人青睐的茄子是一种叫"杭州落苏"的品种，它比普通的长茄更小巧、细腻，外表泛着偏于洋红的紫金颜色，非常漂亮，吃口更是没得说。自然，其价格不菲，要高出普通茄子不少。

茄子的颜色多为黑紫色、紫色、青色。据说还有白色（蔡澜先生吃过，很甜，用滚水煮熟，淋上酱油，美味无穷），我没见过，对此有点担心，倘若它是圆茄，会不会和兰州的白兰瓜、江南的菜瓜混淆，把蔬菜拿来当水果？

茄子是少有的紫色蔬菜，我曾听说，表皮颜色比较深沉的蔬菜，营养价值相对较高。茄子含多种维生素及钙、磷、铁等矿物质，特别是它的皮中含有较多的维生素 P（可软化微细血管，防止小血管出血，对防治高血压、动脉硬化、咯血、脑血栓、老年斑及坏血病患者均有益）。这样看来，茄子有理由入围最好的蔬菜之列。

五茄久著珍蔬号（下）

　　宋代郑清之有《咏茄》一诗传世："青紫皮肤类宰官，光圆头脑作僧看，如何缁俗偏同嗜，入口元来总一般。"确实，茄子外表俊美圆润，内在营养丰富，味道却平淡、干涩，如果缺少精心烹调，则用得上"味同嚼蜡"一词来形容。

　　但清代叶申芗作《踏莎行·茄》，极力称道茄子的好吃："昆味称奇，落苏名俏，五茄久著珍蔬号。自从题做紫膨哼，食单品减知多少。作脯原佳，将糟亦妙，老饕所嗜从吾好。忆并自苋话清操，自惭肉食非同调。"我看他也只拿出了两种烹调方法——作脯原佳，将糟亦妙。"糟"，我懂；"作脯"，我不知道叶申芗怎样弄。《随园食单》倒是披露两条："吴小谷广文家，将整茄子削皮，滚水泡去苦汁，猪油炙之。炙时须待泡水干后，用甜酱水干煨，甚佳。卢八太爷家，切茄作小块，不去皮，入油灼微黄，加秋油炮炒，亦佳。是二法者，俱学之而未尽其妙，唯蒸烂划开，用麻油、米醋拌，则夏间亦颇可食。或煨干作脯，置盘中。"拿捏得已经相当细致入微了，但袁子才还是感慨"俱学之而未尽其妙"。可见真正要把茄子烧到家，非得下点功夫不可。

　　说到茄子的烹饪功夫，是不能绕过《红楼梦》的。在庚辰本第四十一回里，凤姐对刘姥姥传授"茄鲞"制法："你把才下来的茄子，把皮签了，只要净肉，切成碎钉子，用鸡油炸了；再用鸡脯子肉并香菌、新笋、蘑菇、五香腐干、各色干果子俱切成丁子，用鸡汤煨干，将香油一收，外加糟油一拌，盛在瓷罐子里封严。要吃时拿出来，用炒的鸡爪一拌就是。"而在戚蓼生序本中做法略有不同："你把四五月里的新茄苞儿摘下来，把皮和瓤子去尽，只要净肉，切成头发细的丝儿，晒干了，拿一只肥母鸡，靠出老汤来。把这茄子丝上蒸笼蒸的鸡汤入了味，再拿出来晒干，如此九蒸九晒，必定晒脆了，盛在瓷罐里封严，要吃时拿出来，用炒的鸡爪一拌就是。"如此考究的烹饪，一下子把号称对茄子熟悉得很的刘姥姥镇闷了。

但，像这样繁复的烹饪，不要说凤姐说得活灵活现像自己亲手操作一样令人难以置信（有红学家认为她未免有虚张声势之嫌），就连厨师能否一丝不苟，从容操办，疑问也很大。更实质的问题是，连天天吃茄子的刘姥姥也不认可："别哄我了，茄子跑出这个味儿来了，我们也不用种粮食，只种茄子了。""虽有一点茄子香，只是还不像是茄子。"刘姥姥的意见是对的。夏曾传《随园食单补证》对于刘姥姥的观点投了赞成票："《红楼梦》茄鲞一法，制作精矣。细思之，茄味荡然。富贵之人失其天真，即此可见。"

茄子富含矿物质，用铁质菜刀切之，会起化学反应，使其剖面发黑，所以，贾思勰《齐民要术》中说，要"以竹刀骨刀四破之"。如今，绝大多数家庭用的切菜刀是不锈钢做的，可以不那么讲究了。

古人吃茄，方法众多，如糟茄、配腌瓜茄、糖蒸茄、酱瓜茄姜、鹌鹑茄……（详见顾仲《养小录》），现在当然也不少。不过吃来吃去，无非三四种：将新鲜茄子隔水蒸熟，用手撕成条状，放若干作料，最后淋上香油，是下酒和佐粥的佳肴；把茄子切块，挂面糊入热油中炸，弥漫着炸虾的味道，成为一种小吃，曾经风靡一时；酱爆茄子是最家常的烧法，几乎是所有家庭烧茄子的首选；鱼香茄子则是餐馆最常见的做法，味道接近鱼香肉丝，不过是掺杂了些茄了的味道罢了。我们单位食堂终年可见酱爆茄子这道菜，由此可见主事者的偷懒，抑或反映食者有所偏好。上海梅龙镇酒家有道"干烧茄子"极其有名，是该店的金牌菜。茄子还有一种做法叫拌茄泥：将茄子削去蒂托，去皮，切成 0.3 厘米厚的片，放入碗中，上笼蒸 25 分钟。出笼后略放凉，将蒸过的茄子去水，加入香油、精盐、芝麻酱、香菜、韭菜、蒜泥拌匀即成。

应当说，油炸、酱爆、干烧虽然好吃，但由于烹饪时间长、温度高、油腻重且营养流失大，少食为妙。相比之下，还是用蒸法做的茄子吃起来最为健康。

照例说茄子是季节性较强的蔬菜，哪能行销四季而不衰？想必只有两种可能：一是大棚栽培，一是风干贮藏。相比其他蔬菜，茄子的这些优越性彰显无遗。

如果说茄子还有什么流行吃法的话，噢，有的，去年，社会上一些养生心切的人受了一个号称养生大师的人的蛊惑，纷纷生食之，以致元气大伤。从前有首打油诗曰："黑漆皮灯笼，半灭萤火虫。粉墙画白虎，墨纸写乌龙。茄子敲泥磬，冬瓜撞木钟。唯知钱与酒，不管正和公。"前面六句说的是"窝稀空"（沪语，白搭之意）现象，"茄子敲泥磬"，等于鸡蛋撞石头，下场毋须多言，用来影射那些盲从者正好；后两句则当仁不让应该送给所谓的"养生大师"了。

好竹连山觉笋香

这几天身体不舒服，胃口不开。太太出去买菜时问："吃啥菜？"我随口说道："随便。"买菜人听到"随便"两字最为反感——看似自由，实则伤脑。菜买来，汰好烧出上桌，我一看，乐不可支，原来是一道油焖笋，正是极想念的小菜，当初不知怎么到了嘴边竟然说不出来了。

这个季节，上海人总是要买点竹笋吃，好吃是一方面，口味遗传也是一个方面。不吃，死不了人；吃了，至少是活着的证明。

中国是竹国。杭州的云栖竹径，茂林修竹，满山遍野，但比起安徽广德的竹海来，底气就不足了。十年前到广德，面对茫茫竹海，不禁喟叹：要是竹子能榨出石油，这里就不再寂寞了。幸好中国人聪明，把竹子做成各式各样的竹制品，否则只能当作吟咏的偶像，多么费而不惠呵！

东南亚之外的人大抵不懂中国人怎么能把竹子吃下去，但他们必须明白，除了熊猫，世界上绝大多数动物都不吃竹子，中国人吃的只是竹子的嫩芽部分——竹笋。这是非常高档而优雅的事情，就像他们吃鸭只吃胸脯一样。

房产广告上经常出现"笋盘"两字，多数人不解其意。该词来

118

源于香港，是粤语中的词汇，指物美价廉、性价比好、难得遇到的物业和楼盘。此可见竹笋在港人心目中的不同寻常。

外国人好像不大有诗意，看见竹笋的模样，便径直称为"炮弹"。相比之下，中国人就有趣多了，比如，苏东坡称之为"玉婴儿"——像深睡于襁褓中的婴儿；明代吴宽称之为走过雪地的"玉趾"；还有把春笋喻之为美女的手指："秋波浅浅银灯下，春笋纤纤玉镜前。"（《剪灯新话》）这些漂亮的比喻，无疑增加了竹笋的美誉度。

中国人好吃竹笋，集中体现在苏东坡身上。原先我们只知他说过："宁可食无肉，不可居无竹。无肉令人瘦，无竹令人俗。人瘦尚可肥，士俗不可医。"（《于潜僧绿筠轩》）不知哪个好事者居然把最后两句敷演成了："若要不俗也不瘦，餐餐笋煮肉。"且广为流传，俨然信史，好笑至极。不过，苏东坡也确实说过："久抛松菊犹细事，苦笋江豚那忍说？""长江绕郭知鱼美，好竹连山觉笋香。"他是喜欢吃笋的。

比苏东坡更执著的人也不是没有，"二十四孝图"里有一节叫"孟宗泣笋"，说是三国时江夏人孟宗的母亲嗜食竹笋，冬至前竹笋还没生长，她已叨念着要吃冬笋。孟宗至孝，居然跑到竹林里为母亲哀求竹笋快快长出。结果上天被感动了，笋为之出。我对"笋为之出"的故事，万分不信，但于"泣笋"之举不能尽疑，因为世上许多"怪招"，正是出于美好的动机，一般人岂能体会？

说起"怪"，顺便提一下在食笋上的一个"怪论"。有个叫安冈的日本人，曾经对中国人好笋无端猜测："笋和支那人的关系，也正与虾相同，彼国人的嗜笋，可谓在日本人之上。虽然是可笑的话，也许是那挺然翘然的姿势，引起想象来的吧。"这显然是胡说八道。要是你听了这话，会怎样反击呢？且看鲁迅的笔法："会稽至今多竹。竹，古人是很宝贵的，所以曾有'会稽竹箭'的话。然而宝贵它的原因，是可以做箭，用于战斗，并非因为他挺然翘然像男根。多竹，即多笋；因为多，那价钱就和北京的白菜差不多。我在故乡，就吃了十多年笋，现在回想，自省无论如何，总丝毫也寻不出吃笋时，爱它'挺然翘然'的思想的影响来。"(《马上支日记》)不动声色地就反抽了对方一记耳光。

冬笋是冬季时埋于地下的竹笋，只有老手才能挖出，其肉质细嫩，产量不多，洵为隽品，故价格亦昂。春节之后的一两个月，竹笋为暖气所驱，纷纷破土而出，大量上市。苏浙沪一带对于春笋还作分类，比方细嫩幼滑者为竹笋，粗壮老涩者为毛笋。竹笋用来做油焖笋、腌笃鲜及切成细丝炒雪菜或肉丝、豆腐干丝，堪称经典。毛笋多不堪用，从前都是家里经济条件相对较差者权充竹笋解馋的，但福建、浙江一带的人将它劈开加工而成笋干，上海人春节喜食的水笋即从此而来。记得小时候，每到过年，母亲总要遣我至常德路一位闽籍同事家里取笋干，有时货源紧张而未得，母亲总要快快不乐好几天。

焙熄是竹笋的"衍生品"，腌一下，上海人叫做扁尖，吃口及品质与竹笋不能同日而语，但其自有妙用，扁尖冬瓜汤则是夏令下饭的最佳选择。笋衣不足观，无非是吊吊鲜味而已，不赘。

蔡澜先生说，台湾有种"绿竹笋"，"甜得像梨"。真是奇怪死了，莫非就是甜芦粟一类的东西？应该好好研究、广为移植才对。

翠英中排浅碧珠

◆　　　　　　　　◆

蚕豆是夏季重要的蔬菜。蚕豆上市，当家的一定已把夏装翻到衣柜、抽屉的最外面了。

前一阵子蚕豆新上市，菜场只有一两个摊位在卖，数量也少，顾客看多买少，原因是贵。蚕豆不像别的蔬菜，比如刀豆，价格贵，但实在，几乎没有什么可废弃的部分。而蚕豆就像马三立的相声，铺垫很足，蓄势充分，只为抖开最后一句让人笑翻的"包袱"。"三斤核桃四斤壳"，基本也是蚕豆的写照。所以，当十元一斤的蚕豆面市，你掏钱的一刹那，实际上在为至少三十元一斤的蚕豆埋单。现在不是金融危机了吗，买菜免不了有点踌躇，那就再等等吧，蚕豆不是楼市，还怕它下不来？这一等，看过八元一斤、五元一斤，一下就到了两元一斤、五元三斤的环节。蚕豆不是普通蔬菜，吃多了据说要患"蚕豆病"，一般隔几天吃一回。没"隔"几回，蚕豆的价格眼看下到五六毛一斤，此时正好"下单"、"加仓"，孰料，蚕豆和美人相似，掉价乃因人老珠黄，老得让你都不好意思出手，生怕被人家看低了：这人哪单位的？那么老的蚕豆都敢买，八成"危机"了吧？

蚕豆之名，令人莫名其妙，不知蚕和豆怎么联的姻。查《本草

121

纲目》，曰："豆荚状如老蚕，故名。"又，《王祯农书》："蚕时始熟，故名。"似乎都可自圆其说。

据说，外国人刚到中国时，不知道蚕豆为何物，他们对蚕豆的营养成分进行科学研究后认为："蚕豆皮很好，可惜'核'太大了。"这当然要被国人大大嘲笑了。

以为外国人在对待蚕豆上有点"洋盘"，欺其不懂，这是很无知的。其实蚕豆并非"国粹"，而是汉朝的张骞从西域引进的。它原产于里海南部至非洲北部，公元一世纪时始由欧洲传入我国，至少在中东、意大利、希腊等地都可见到。罗马人曾用它来供奉豆子女神卡那，俄国人喜欢把蚕豆作为冷食来享用，达尔文在日记中提到过，南美的工人、农民"只有蚕豆可吃"（大概意指生活艰难吧），可知蚕豆乃是世界"公器"。但外国人绝不可能叫"蚕豆"，因为中国是"蚕"的祖国，公元551年，两个外国修道士才把蚕茧带到了欧洲。先有豆，后有蚕，人家怎么会有"蚕豆"这个说法呢？

上海人吃的蚕豆，分客豆、本地豆和日本豆三种。客豆即非本地产的蚕豆，较早上市，往往一荚三豆，豆小，涩味重，不易烧酥，若是来自苏浙，尚能令人有所感觉；倘若来自不知何处之豆，则如小脚老太之脚趾，扭曲而猥琐，精于厨艺的上海人是不屑的。本地豆，往往一荚二豆，颗粒大，就像船老大的大脚趾，皮薄，色碧绿，香味浓，但易老，应市苦短。日本豆，体量大，色泽泛白，烧得酥，但豆味相对淡。现在，本地豆非常少见，土地转让是一大原因，反客为主的蚕豆便充斥了市场，上海人口福真有点缺损，这就是代价。

附带说一句。菜场里，菜贩常常向你兜售剥好的蚕豆，甚不可取。或许你觉得省心，其实这里面颇有玄机，一是分量多有折扣，因你无法在"毛豆"与"净豆"之间精确换算；二是菜贩常取失鲜之品先套利，犹如超市所售牛奶，离保质期最近的总是放在最显眼最方便取走之处；三是裸豆在空气里放置时间越长，越老，吃口越差。

清人梁绍壬《两般秋雨庵随笔》曰："九曜山下有隙地焉，相传是明昌化柏邵林墓域。林为孝惠太后之父，旧称'邵皇亲坟'。杭人讹为'邵王坟'。其地产蚕豆甚佳，俗称'王坟豆'。"朱彭《王坟豆》诗："摘得王坟豆荚香，蛟门沽酒喜新尝。于今踏遍湖南路，不见当年段七娘。"对"王坟豆"备加赞赏。坦白地说，"王坟豆"可能是蚕豆极品，但我是不敢消受的，无他，以其长于坟地，心存畏惧也。

江汉平原一带，立夏照例要"尝三鲜"，即水三鲜（鲥鱼、河豚、白虾），树三鲜（樱桃、枇杷、杏子），地三鲜（苋菜、黄瓜、蚕豆）。在上海，吃蚕豆也合时令，但只限于居家品尝。吃馆子，蚕豆是不上台面的，如果当令，一般可叫一只"十八鲜"，里面有黄豆芽、金针菇、青椒丝等，自然还有新鲜的豆瓣。此君碧绿生青，清香无比，令人胃口大开。

新鲜蚕豆吃不完，可做成豆瓣，有的是衍生产品解馋，比如，咸菜豆瓣酥即是上海人喜欢吃的名菜；怪味豆瓣也是著名的零食，我们的父辈都擅长此道，到了我们这一辈，要吃豆瓣，就只能到食品店去寻味了；至于下一辈呢，恐怕连豆瓣从何而来也未必晓得了。

萝卜进城

◆　　　　　　　　　　◆

　　从前在我住的弄堂里，有个小青年，勤快、热心、能干，长相也不错，多少老阿娘老阿姨帮他做媒啊，结果都没戏。原因，现在看起来简直等于零，当时可是重若压顶的泰山，即所谓籍隶苏北也，上海人说的江北人。这是当时谈婚论嫁者谁也无法轻描淡写、泰然处之的世风。每每提及这件烦心事，小青年总是沮丧地说："都说我蛮好滴，就是不肯嫁拨吾。没得办法哦。"

　　食材当中也有这样"失败"的"好青年"，那就是萝卜。

　　萝卜外形俊美，品格清奇，长短兼济，柱球皆备，色彩缤纷，粗细有致……蔬菜瓜果之中，无出其右者。可是，一般人却相当藐视它。据我所知，相当多的美食作家，对于萝卜，就是不肯着墨，不知何故。

　　我很小的时候，就已经能够判断出，萝卜肯定不是什么好东西，因为左右邻居大多不碰。那么，又是哪些人对它垂以一点点的青眼呢？即象当中，基本上是家里经济条件不佳者，尤其是苏北人、山东人比较喜欢吃萝卜。这就怪了，萝卜是蔬菜中的一种，比起其他蔬菜，可能价格稍微低了些，却是真正的价廉物美，怎么也不至于沦落到"受压迫"、"被侮辱"的境地吧！要说那时的上海人无知到对萝卜有很好的营养价值也浑然不知，绝非事实，但在观念上，吃萝卜差不多是"失败"的象征，许多上海人是这样认为的。比如我家，哪天家里进了萝卜，不外两种用途：一是清火，一是解膻，根本没把它当菜处理。我想大多数上海人家大概差不多如此。

以前的上海人较少"辣"的历炼，而且总把萝卜和绿叶蔬菜分得很开。它的外形近于瓜，而口味又不及水果甜美滋润，不尴不尬，所以被边缘化，似乎也理所当然。

难道萝卜真的那么不堪吗？

在祖国医学的眼里，萝卜乃是个捧在手里怕化了的宝贝疙瘩。民间对此不乏神化唯恐不及的溢美之词，比如，冬吃萝卜夏吃姜，一年四季保平安；多吃萝卜少吃药；冬吃萝卜夏吃姜，不劳医生开药方；萝卜进城，药铺关门；萝卜上市，医生没事；上床萝卜下床姜；吃着萝卜喝着茶，气得大夫满街爬……萝卜俨然像个立马横刀的关公。

大名鼎鼎的李时珍则以萝卜九个"可"，来提升萝卜的品位：可生可熟；可菹可酱；可豉可醋；可糖可醋可饭，乃蔬中之最有益者。

传说三国时，曹刘青梅煮酒论英雄，刘备大醉，不省人事，名医华佗灌以一碗"沉齑浆"，刘备片刻竟醒。问是何良药，华佗笑答："一斤萝卜半岔汤。"萝卜神奇如斯。

清朝乾隆年间，有一次皇太后胸闷腹胀，不思饮食，太医及宫外名医束手无策，病情日重。吴江名医徐大椿经荐奉旨进京。诊后，处方一剂：莱菔子（萝卜籽）三钱煎服。皇太后服后周身顺畅，萎靡顿消。乾隆龙颜大悦，即赐徐大椿为江南布政使。所谓

"三钱萝卜籽换个布政使"的神话就流传开了。

以上所述，差不多都在描绘萝卜的好处。花好稻好，甚至夸大其辞，无非是劝人不要以貌取材，而要重视萝卜的实际功效。

因为萝卜的平凡、实在又确有其神秘的功效，所以，有关它的种种传说，也明显地涂抹了一层人文关怀的色彩。

沈括《补梦溪笔谈》里说，北宋嘉祐年间，有个乡民进城买了几个萝卜，被县令张咏发现，竟把他抓进衙门，暴打一顿。理由是，城里人买菜是因为他们没地可种，而乡下人不种菜，应视为不务正业，该罚。此后，当地乡民每家都开菜园子种萝卜。老百姓遂给萝卜起了一个新名词——"张县令菜"。张咏因重视民生而"名垂史册"，乃成佳话。

有一种说法称，萝卜原产于临地中海的西亚、东南欧诸国，因此它的名字很多，如莱菔、芦菔、芦萉等，都是外来语的音译。

但有的学者并不这样认为，他们引《诗经》中"采葑采菲，无以下体"，考证出萝卜原产于中国。从"菲"乃"芴"之音转始，一直推论莱菔即萝卜。李时珍《本草纲目·菜一·莱菔》中的一说，也常被引用："莱菔乃根名，上古谓之芦萉，中古转为莱菔，后世讹为萝葡（萝卜——笔者注）。"振振有辞，不容置疑。

老实说，我对于孰对孰错，无法鉴别，最简单的原因：知识欠缺也。但私心里总是希望萝卜本于中土，无他，有消息说，关于萝卜的菜谱，我们已经有近两千五百种了！要说墙内开花墙外香，香得也太过分了。

萝卜快了不洗泥

我不是很喜欢吃萝卜，因为从小没有培养起对萝卜的感情。吃得少，见识得更少。其恶果，好比长期囚禁在牢狱不与外界接触的人，失去了与时俱进的基本审美理念和眼光，即使让他和安吉丽娜·茱丽一起走红地毯，他未必觉得惬意。在他看来，身边的那个女人嘴唇那么丰满敦厚，委实比读小学时坐在自己前排那个瘪嘴二丫丑多了。

然而，毕竟喜欢吃萝卜的还大有人在。我和生民兄、嘉禄兄同席吃饭的机会不算多，在"不多"的饭局中，只要有人把"点菜权"放给他们，冷菜中的一只酱萝卜，必点。这两位是非常称职的饮食行家，如果对他们的口味产生怀疑的话，一般情况下，我们首先应该想到的是自己什么地方已经出了错。

困难时期，萝卜很好地担当了"下饭"的职责。除红烧萝卜外，印象比较深的是两道，葱油萝卜丝和萝卜丝排骨汤。

有位朋友说，萝卜丝拌海蜇丝蛮好吃。据我所知，许多家庭都这么做过，但很少从口味考虑，只因海蜇丝量少而价高，掺入相当的萝卜丝，堆成一盘，给人以数量足够的感官刺激。

我吃过最好的萝卜丝煲汤——肺头萝卜丝汤，是在一位苏北籍的小学同学家里，那已是三十多年前的事了。从此之后，未得口福。

有些人喜欢萝卜，不是因为它有营养，仅仅是合自己的胃口；更多的人喜欢吃，则是受到那些人的感染，或者因为对身体有好处。我想这也没有什么不好，而那些排斥萝卜、蔑视萝卜、不以萝卜为意的人，绝大多数是没有尝到好的萝卜品种或没有吃过好的萝卜菜。

北方人喜欢吃萝卜，重要的原因是当水果吃，这在上海人那里肯定不行。不行，是上海人吃的萝卜不行，辣、涩、苦、淡、老、空等等，怎能消受？所以，从前上海走街穿巷卖蔬菜的，从来不会为车上的萝卜吆喝几句。现在上海的小菜场里，明明摊上萝卜一大堆，老板们也懒得招呼顾客，没用。在北京就不一样了。侯宝林的相声《改行》，多次提到萝卜。里面有位老太太买萝卜，既要掐（看水分多不多），还要尝（看甜不甜）。还有一回，老佛爷"龙驭上宾"，天下皆白，连红萝卜也不准上市，闹出了许多笑话。说明两点：一是北京人喜欢萝卜；一是北京的萝卜甜。北京青皮紫心萝卜很出名，起的名字也漂亮——心里美。

天津人对于北京萝卜就很不服帖，认为"心里美"只甜不辣，水分又少，"没萝卜味"，他们推崇的是自家小刘庄的萝卜（亦即沙沃萝卜），追求那种"嘎嘣脆"的境界。天津萝卜绿如翡翠，落地即碎，甜辣可口，香脆味厚。

天津萝卜为啥那么享有盛誉？我在周简段先生的《老滋味》一书中找到一条证据：明嘉靖皇帝朱厚熜有个爱妃喜欢吃荔枝，便仿杨贵妃让人从南国运来。杨妃那时采用的是接力模式运输，鲜度有所损失。传，严嵩想出一计，在船上装土，荔树种在船上，一路施肥浇水，直抵小刘庄，改陆运至京。船上的泥土就地倾倒，堆积成片，当地农民在这片土地上栽种萝卜，成就了举世闻名的天津萝卜。

我对这则掌故的真实性无法把握，但有一点从此清楚了：天津萝卜好吃，关键还在于南方的土质优良。那么南方人何不"因地制宜"呢？答案只能是：南方人不大喜欢吃萝卜。

我在《萝卜进城》一文中说，苏北人比较喜欢吃萝卜。为什么？因为如皋出产的萝卜，品质极佳，尤以杨花萝卜为最。有资料说，如皋人种植萝卜已有上千年历史。刘敏先《扬州杂咏》："杨花飞候土膏融，莱菔生儿苗翠丛。绝爱盈筐好颜色，佳名合唤女儿红。"红萝卜以杨花时出产，故名杨花萝卜。每颗约寸许，其色妍红夺目，脆嫩清鲜，一名女儿红。有一阵子，在饭桌上经常可见一盘做成糖醋的红皮萝卜，小小圆圆的，估计就是它了。

现在，萝卜入菜最为招摇的便是鲍汁萝卜，放在高档酒席上一点也不寒碜。当然萝卜品质一定要好，若在苏浙沪，恐怕非如皋的不办。

沪宁高速进中环处，有绝大的酒店广告。只要开车路过，再近视的人也不可能看不见。本来以为是酒店广告，其实下面确有酒店。这个地方我去过，底层卖红木家具的，所以对不上号。楼上做着餐饮和旅舍，餐馆里做的菜可圈可点的不少，其中最让顾客称道的是鲍汁萝卜和炒白芹。一打听，原来老板正是如皋人氏。为了保证萝卜的品质，老板专门在家乡买地，原始栽种。因为声名远播，食客一尝为快，居然带动了整个酒店的业务。

有道是，萝卜快了不洗泥。偷懒固然不好，心平气和地想：如果萝卜确实好，不洗又何妨？

滥芋充饥

大街小巷的空气中不断地散发出芋的气息。按说现在早已过了吃芋的时节，芋从何来？恐怕是"反季节"或是"绕梁余音"（芋耐藏）的缘故吧。

其实，所有的猜测都源于无知。我们甚至不清楚芋的谱系和它们的生长周期，但是，曾几何时，芋，这种貌不惊人的植物，不，蔬菜，却以非常时尚的姿态高调出场。洋快餐里的香芋派、街客里的香芋奶茶，西饼店里的香芋蛋糕，冷饮店里的香芋雪糕，零食铺里的香芋果冻，饭店里的芋泥甜品，酒席里的一盘杂粮内芋头总是厕身其间……我们好像被芋和芋制食品包围了。

上海人把那种"脑子有点转不过弯"来、思想有点"僵化"的人称之为"老芋头"，可见芋的形象并不那么讨人喜欢。芋头被冠以"香"，真是有点"天晓得"。其本身确实有一点点淡淡的清香，但决无可能至于"飘逸"。葱爆芋艿固然香气十足，芋艿老鸭汤固然芬芳满室，但这都是两种食物混搭烹饪（吊味）的结果，并非芋头本身香气馥郁。论起"香"，和芋相近的山芋，倒在芋之上的，而现在，"香芋"、"香芋"被人叫得响亮得不得了，"芋"字不加"香"字，好像读起来就不爽。

这是怎么回事？

我想，这是一种食品价值被重估后，市场对它全新包装，进行高明的市场推广，从而赢得巨大成功的最佳商战范例之一。

好笑的是，不起眼的芋头，在《史记》中却有个令人无法猜到的雅名——蹲鸱，蹲着的猫头鹰。芋头像蹲着的猫头鹰？我以为，像。但不加提示，谁能把蹲鸱和芋头联系起来呢？

唐人朱揆《谐噱录》中有一则笑话："张九龄知萧炅不学，故相调谑。一日送芋，书称'蹲鸱'。萧答云：'损芋拜嘉，惟蹲鸱未至耳。然仆家多怪，亦不愿见此恶鸟也。'九龄以书示客，满座大笑。"萧炅不学无术，明明已经收到张九龄送的芋头（蹲鸱），却怪张并没有送来"蹲鸱"（芋头），而且还自作聪明地表示拒受"恶鸟"（蹲鸱）。可笑，但情有可原——"蹲鸱"毕竟太雅驯了嘛。今天，如果有人到菜场求购"蹲鸱"的话，有指点他去花鸟市场者已算高人，更多的，恐怕只能"不知所云"。

和山芋、土豆一样，芋头也可代粮，其碳水化合物含量达到10%—25%，广东芋头更是达到了87%。明人屠本畯写过一首《蹲鸱》诗，极言芋头的妙处："歉岁粒米无一收，下有蹲鸱馁不忧。大者如盘小如球，地炉文火煨悠悠。须臾清香户外幽，剖之忽然眉破愁。玉脂如肪粉且柔，芋魁芋魁满载瓯。朝哦一颗鼓腹游，饱餐远胜烂羊头，何不封汝关内侯。"

我曾说起过古人用年糕筑城墙以解来年饥馑的掌故，这样的"天方夜谭"，在芋头身上同样得到演绎。据五代时范资的笔记《玉堂闲话》披露，其时，有些和尚深知芋头的价值，大量种植，吃不完，就把它们杵成芋泥做墙体，后来遇到灾荒，四十多个和尚靠食"芋墙"而躲过一劫。

从品质而言，浙江奉化和广西荔浦的芋头最好，虽然它们在体量和吃口上完全不同，前者糯，后者粉；前者小，后者大。江南一带的人原先对于荔浦芋头不甚了了，一部《宰相刘罗锅》的剧集给它做了大广告，于是桂林机场土产柜通常以此君风头最健。

李渔论芋头曰："不可无物拌之，盖芋之本身无味，借他物以成其味者也。"因此，有关芋的食谱很多，不过真正使芋头"时尚化"和"全国化"的，还是要提到潮州人的拿手菜点——芋泥。蔡澜先生于此很有一手，不敢掠美，撮录公诸如下：

将芋头切成圆圆的一块块，蒸半小时。剥皮。把芋片放在砧板上，用菜刀用力一压一搓，即成芋泥。下油锅翻炒。微火，不怕热的，用手搓之。加糖，再炒再搓直至芋头呈泥状。爆香红葱头，放在芋泥上面，吃时搅拌，更香。关键：要做好的芋泥，一定要用猪油。

世传芋头为减肥之保健食品，实乃误解，其实当为芋的另一品种——魔芋。小男生小女生喜欢吃的"魔芋渣渣"或"冰冰蒟蒻"，就是魔芋的转圈变奏。魔芋与芋绝不相像的是，无论热煮还是冷泡，它都不会糊化，有很强的造型感。至于为什么能减肥，说穿了不过如此——

由于魔芋含有的葡萄甘露聚糖（约50%）具有吸水性强、粘度大、膨胀率高的特性，一旦进入胃中，吸收胃液后，即可膨胀50—100倍，让人产生腹饱感觉，从而起到节食目的。

魔芋魔芋，你可真够妖的！

「绿林好汉」

◆   ◆

先释题。

其一，食材当中，以颜色论，红色食品的代表是大畜肉类，白色食品的代表是乳制品和豆制品，灰色食品的代表是鱼类，绿色食品的代表当然是蔬菜。所谓"绿林"，大致可以将蔬菜（绿叶）涵盖了；

其二，"绿林"在中国古代语文当中，和"儒林"是一个层次的词语，不仅"在野"，而且有不在体制内的意思。如果要将"绿林"（蔬菜）中"绿林"（在野）的意思拈出的话，恐怕也只有野菜才能担当；

其三，在坊间，"绿林"常常和"好汉"形成固定搭配，似乎"好汉"必出于"绿林"，这是不确的。即便以蔬菜视之，种植的好东西多的是，只是，既然担着"好汉"名义，至少要有点"蛮气"和"不驯"。那么，"绿林好汉"，或者说野菜中的"枭雄"、"强人"又是什么呢？下面会说。

孔子说，礼失而求诸野。倘若无法吃到种植的蔬菜，那就只得"求诸野"——吃野菜了。当初红军长征，野菜果腹，并非崇尚"天然"，实不得已。现时江南一带，对于野菜趋之若鹜，是得陇

望蜀，有点大小通吃的意味。而在中国腹地，礼不失却求诸野（好吃野菜），则是大行其道的。

苏浙沪有几样有名的野菜，比如荠菜、马兰头，一般只作点缀或杂糅处之：荠菜，一定是切碎后拌以肉糜以为馅，伴以豆腐以为羹；马兰头也是如此。我没有见过把荠菜、马兰头像菠菜一样炒来吃的。前些天在"首席公馆"吃到一只炒马兰头，不细切，完全菠菜炒法，其老而弥坚，好比在吃"鞋底线"（纳鞋用的纱线），内心非常排斥。我看在座者一筷即止，即知此种做法在挑战江南人的味蕾感觉，肯定失败。另外两例原本划入野菜范畴的食材——草头和竹笋，在苏浙沪，照例也是做成小块烹饪（草头因纤维短细而无须奏刀）。竹笋腌笃鲜、草头圈子之所以成为本地名菜，关键在于食材的搭配得法。但再怎么着，它们也属于"小菜"。

江南一带的野菜自然都是"绿林中人"，可惜算不得"好汉"。要成为"好汉"，我以为至少要满足两个条件：一是足够野性，一是"一哥"地位。本地的野菜，因为合于江南人的细腻性情，大都被做成"白骨精"（白领、骨干、精英之谓）而非"村姑"，野性不足，温柔有余；又因为不能跻身于十番大菜之列而往往"忝陪末座"。

这种情况在非长三角珠三角地区是非常少见的。

在我国长江流域及以北地区的黑、吉、辽、陕、甘、鄂、宁、青等省区，流行吃一种叫蕨菜的野菜。此菜被称作"山菜之王"，几乎是饭桌上必不可少的主菜。我曾游历过东北和西北一些地方，饭局上总少不了它。到那些地方，吃怕了大块的羊肉、牛肉和肥猪

135

肉，希望吃到新鲜的蔬菜。很遗憾，连平时不很欣赏的大白菜也没有，就是一道蔬菜——蕨菜。当地人把它尊为"大菜"，吃得津津有味，抱歉的是，我是"只一筷"便罢工，原因是粗粝，或是烹调无方，总之一段时间内逼我成了"鄙者"（《曹刿论战》：肉食者鄙）。其实蕨菜倒是大有来头。《诗经·召南》曰："陟彼南山，言采其蕨。"可见其入馔甚早。中国史上的洁行之士伯夷、叔齐不食周粟，跑到首阳山，赖以充饥的又是什么呢？蕨菜。西汉初年的"四皓"年高德劭，因避秦乱，隐居商山，也是采蕨而食。古代名著《齐民要术》、《本草纲目》中对蕨菜食法有专门的记载，有兴趣的读者可以参考。

蕨菜确实可以称得上"绿林好汉"。比蕨菜更牛的，是近几年不断蹿红的野菜——蕺菜。蕺菜，一名鱼腥草，它更大的名头叫折耳根。为什么叫这样一个怪名字？是食者取鱼腥草中嫩嫩的那段根茎来吃，唯其爽脆，故名。折耳根在西南一带风行，四川、贵州尤盛。据说贵州有八大怪：没有辣椒不成菜；老太婆比汽车跑得快；大姑娘背着孩子谈恋爱；草根当青菜；石板当瓦盖；鸡蛋串起来卖；草帽当锅盖；三个田鼠一麻袋。其中草根当青菜之"草根"，就是折耳根。贵阳名吃"恋爱豆腐果"、遵义名菜"折耳根炒腊肉"，都少不了它。也是传闻说，看一人是否贵州土著，进菜馆连点两盘折耳根的便是。

我在贵州吃过折耳根，鱼腥气冲鼻，吃口硬而涩，难以恭维。但折耳根在西南同胞眼里地位之崇，令人印象深刻。故谓之"绿林好汉"，名正言顺也。

时尚野菜

　　自从转基因食品渗透到餐桌上，人们对天然食品的追逐，豪情万丈。其实，天然，只是说说而已，除了云彩里掉馅饼，现在所谓的"纯天然"，还不是人类那只无形的手在运作？我们城里人吃的蔬菜、肉类、禽类，等等，哪样不是这样？

　　不过万事总有两面。有家养甲鱼，就有野生甲鱼；有圈养肉鸡，就有散养草鸡；有填鸭，就有野鸭；有塘养鲫鱼，就有野生鲫鱼；有无土蔬菜，就有路边野菜……

　　有个段子是这样说的：从前在家里吃野菜，如今在店里吃野菜；从前穷人吃野菜，如今富人吃野菜。吃野菜成了一种时尚。

　　政坛有朝野之分，史乘有正野之别，这种分别，说到底，是主流和支流、定价权和集合竞价的界限。但在餐饮，则恰好相反，"在野"，往往更受追捧。然而，作为"在野"的成员，野菜并没有享受殊荣。

　　真正有感觉的美食家是懂得野菜价值的。冒襄《影梅庵忆语》当中说：董小宛不仅制茶制豉制腐乳及腌渍菜各擅胜场，其他如"蒲、藕、笋、蕨、鲜花、野菜、枸、蒿、蓉、菊之类，无不采入食品，芳旨盈席"。有人点评冒姬的手艺曰："一匕一脔，异香绝

137

味，使人作五鲭八珍之想。"评价很高啊。中国历代才女名媛，琴棋书画、诗词歌赋，大都当行出色；若说治馔，恐怕小宛要执牛耳。

野菜的文化价值也很可观。比如上海人最为熟悉的野菜——荠菜，那就源远流长了。《诗经》里头就有"谁谓荼苦，其甘如荠"的句子。常言说，路边的野花不要采，我们的先民却是老早就和荠菜亲密接触了。接触，当然不止于吃，知堂《故乡的野菜》引《西湖游览志》云："三月三男女皆戴荠菜花。谚云，三春戴荠花，桃李羞繁华。"又，《清嘉录》云："荠菜花俗呼野菜花，因谚有三月三蚂蚁。侵晨村童叫卖不绝。或妇女簪髻上以祈清目，俗号眼亮花。"我是五谷不分的人，好几年前家里"派生活"让我到菜场买些荠菜做馄饨馅。卖菜妇问："要一般的荠菜还是野荠菜？"就把我弄糊涂了，原只知荠菜就是野生的，想不到还有人工种植的！此事到现在还是疑惑不解。

有一种野菜，为上海人公认，那就是马兰头。马兰头是马兰植物的嫩叶，将新鲜马兰头烫熟剁碎，拌以切碎的香干，淋上麻油，其清香爽口，非一般蔬菜可比，为市井常馔，堪称价廉物美之典范。或许因为它暗合了"回归自然"的理念，这味"民间宠儿"成为了高档酒席上不可缺少的点缀，同时也成了人见人爱的佳肴。令我不满的是，餐馆往往追求造型，将它做成一座小山。好看是好看，可只要一动筷头，"小山"颓倒，狼藉一片，无法再搛。而有些餐馆把马兰头用豆腐衣或百叶围住，不失为好办法。近日到天天渔港小酌，意外发现，他们把马兰头做成蛋挞状，一人一只，实现了最高的利用率。

过去以为马兰头为本国仅有，实误。我看过一篇文章，说是一位旅德人士发现居所路边有大量马兰头任其自生自灭，心有不忍，于是起意采挖若干，做成香干马兰头这道名菜；后来还请洋邻居品尝，大受赞誉。当得知此菜即为路边野菜，洋人立马大惊失色，又是就医问病，又是拿到专门机构做显微化验……看后不禁莞尔。其实洋人自有道理，野菜虽为自然天成，未必没有毒素，德国人性情谨慎顶真，不能说他们有悖常理。

我曾在一家宾馆吃早餐，其食品之丰，让人无所适从。但见一处取食之所，排队甚长，人们耐心静候，全无烦躁。一打听，原来是在下馄饨——只为区区三二囫囵之物，何以如此劳神？内中一人郑重相告："在下野菜馄饨呢。"噢，于是兴趣倍增，立即成为长队中的一员。

人们之于野菜，膜拜至此，可见一斑。

大丰收

近些年来，不少上点档次的饭馆，菜单上往往列有一道菜，叫"大丰收"，也有叫"五谷丰登"的。初看，云里雾里，不知葫芦里卖的什么药；一回生两回熟，懂了，原来是一道杂粮。所谓杂粮，是指相对我们平时吃的精米白面等细粮而言的粮食产品，主要包括，谷物类：玉米、小米、红米、黑米、紫米、高粱、大麦、燕麦、荞麦等；杂豆类：黄豆、绿豆、红豆、黑豆、青豆、芸豆、蚕豆、豌豆等；块茎类：红薯、山药、马铃薯等。

在饭局上，"大丰收"这道菜，林林总总五六种，主要是玉米、芋艿、山芋、土豆、毛豆、山药、蚕豆等等，它们被装在一只大瓷碗或淘箩里。那么多农作物拼作一盘，当然是一派"大丰收"的景象了。

说它是"菜"，未免有些牵强，像玉米、山芋、菱角之类，怎么佐酒下饭呢？说它是"饭"，更不通，饭局刚刚开始，服务生就早早地把"大丰收"端了出来，难不成暗示大家吃完走人？或者主食在先，以后不再提供？这下，请客者可要让人牵头皮了：是不是先把大家肚子弄饱，接下来可省几道菜？

应该说，它既不是菜，也不是饭，而只是像西餐里主食上来之前的几片薄薄的烤面包或练牙口的几只"短棍"。也许还有更深刻的涵义：一、享用美馔玉食之前，当思食物来之不易——要尊重食物；二、清膘肥膛之后，应虑身体赢之即可——要爱惜身体。《黄帝内经》里说，"五谷为养，五果为助，五畜为益，五菜为充"，吃点杂粮，养生长寿。此时无声胜有声，指的就是这种状态。

我发现，愈是高档的饭局，"大丰收"之类的玩意儿上得愈勤，有的你没点，他也跟你上，而且免单，因为老板心里明白，只要在每盅翅鲍当中加几个钱，就扯平了，还博了个"健康使者"的美名，何乐不为！倘若有人对此啧有烦言，那只能说明他不时尚。乡里人不是抱怨说"我们吃杂粮的时候，城里人吃大肉；等我们吃大肉的时候，城里人又改吃杂粮了——总赶不上趟"吗？

其实，吃大肉还是吃杂粮，无关乎时尚，重要的，看是否有益于身体。如果有条件，应当吃大肉的时候拒绝之，应当吃杂粮的时候婉谢之，都不是尊重食物、爱惜身体的范儿。营养师把食物分为四类，即脂肪和糖类、乳制品和肉类、蔬菜和水果、谷类，它们组成了营养金字塔，底层主要为谷类食物。相比处在"金字塔"顶尖的食物，谷物尤其是杂粮的地位是不言而喻的。我们知道，玉米被公认为是世界上的"黄金作物"，它的纤维素要比精米、精面粉高4－10倍（纤维素可加速肠部蠕动，可排除大肠癌的因子，降低胆固醇吸收，预防冠心病）……

但如果你拿这些"数据"劝说人家放弃翅鲍改杂粮，不要说食家感到"没腔调"要跟你急，饭店老板也要捋起袖子跟你上上课，看看谁究竟是白带黑带（跆拳道级别）！毕竟，豪宴当中的"大丰收"，不过是一种姿态，一种理念。一顿杂粮，就能吃出一个苏局仙（书法家，以长寿闻名于世）来，谁信？关键还在于我们平时要注意膳食的多样性、均衡性。

有些饭店的"大丰收"，并不以"杂粮集中营"为号召，而是那些相对粗犷的蔬菜，比如青椒、红椒、百合、木耳、球生菜、紫甘蓝乃至蕨菜等，生生聚于一盆，色彩斑斓，养眼开胃。蔬菜聚集，也可以说丰收嘛。

"大丰收"讲究原生态，但我曾见识过一种杂粮吃食，叫高粱卷，据说是用糯米粉、高粱粉、鸡蛋加清水、糖搅拌，揉成面团，摊成饼状，用油煎至两面金黄，然后卷上椰丝及碾碎的花生，切好装盘，外酥里嫩，非常好吃。我想，这已是经历了"去粗取精"的过程，美其名曰"杂粮"，不仅不算数，还在变本加厉地制造"杂粮"的异化品种，成为充满欺骗性的"新垃圾食品"。

事实上，在饮食行业的流通领域，加工或未经加工的杂粮食品并非价廉物美的代名词，饭店的"大丰收"、西饼店的"杂粮面包"、洋快餐的玉米杯之类，哪个是省油的灯？没错，人家卖的不是"杂粮"，卖的可是时尚概念、创意。谁不想长命百岁，那就怪不得老板在价格上可以"乱来"啦。

◆ 七荤八素

众们之所以喜青起来的文人，不光因为他们有学问，恐怕更他们日常生活当中怡要强调地显不自己的聪明机智和世俗生活所赚隊快乐。而这恰恰又是普通百姓浑然不觉的。

安之若「素」（上）

◆　　　　　　　　◆

一看这个题目，便知笔者是要谈吃素了。

不错。尽管我们每天都要吃一定数量的蔬菜，但这和素食是两个概念，而且，素食和礼佛也不是一回事。

我们要搞清楚的是，吃素的"素"，究竟是怎么回事。

素，原意是"白致缯也"，即未漂染的丝。后来成为"蔬"、蔬菜的借代词。吃素，实际上成为了吃蔬菜的缩略语。持这种看法的人，可以说是占了大部。

大致而言，吃素等于吃蔬，顺理成章。问题是，倒过来，吃蔬是否就是吃素，则可以商量。比如，我们通常把葱、蒜、韭之类归入蔬菜，似乎毫无疑义，但在"素斋"范畴里的吃素，它们居然都属于"荤菜"，为佛家所不用。

葱、蒜、韭之类怎么变成了荤菜？

荤，许慎《说文解字》："荤，臭菜也。"段玉裁《说文解字注》："谓有气之菜也。"即气味较重的菜（不含肉），比如葱、蒜、韭之类。我小时候听父母说过，"韭黄是荤菜"，总也不懂，现在看来，他们是对的。从前的人，对于汉字的形、声、义等功能的界定是极其讲究的，否则名不正言不顺。

既然"荤"字已有归属，那么，被现代人认为"荤"的东西，比如动物的肉，又该怎么称呼？

《论语·乡党》中说："君赐腥，必熟而荐之。"显然，腥，就是生肉。南朝的鲍照有一首《升天行》诗曰："何时与尔曹，啄腐共吞腥。"吞腥，就是大块吃肉。如嫌还不够清楚，《水浒传》有句话说得再明白不过："做公人的'那个猫儿不吃腥？'"猫儿大概不会对蔬菜有什么兴趣的，它欣赏的，是肉，包括鱼的肉。

我们再来看一些比较有力的证据。《周礼·天官·内饔》："辨腥臊膻香之不可食者。"贾公彦疏："依《庖人职》注，腥谓鸡也，臊为犬也，膻为羊也，香为牛也……"又，《管子·轻重戊》："黄帝作钻燧生火，以熟荤臊。"马非百新诠："（荤臊）盖兼蔬菜及肉食二者而言。"

素，荤，腥，原来各有所指，不可混淆。据说自从梁武帝写《断酒肉文》后，荤与素便成了背义的词，荤专指肉食；素专指蔬食。只是，原始意义上的葱、韭之类"荤菜"，虽然从现代观念中的"荤菜"剥离出来，依然不能登"素斋"之大堂，是比较讲究规制（即含宗教意味）的素食者所不为也。

说得再白一些，所谓的"素食主义"，可以涵盖除动物肉类之外的所有蔬菜，但吃"素斋"者，除了肉和"有气之菜"，其他的蔬菜都在可吃之列，至少古人是这样。

人们之所以茹素，首先不是出于健康上的考量，而是服膺于宗教信条。食素的目的是不杀生和不将"蠕动之类"作为食物，这是基本的游戏规则。

我是不大相信人天生就喜欢吃素，人们恪守吃素原则，只是教化的结果。当然，我们也不必排斥因为吃素而认识了它对于健康的作用，从而形成饮食上的自觉。

事实上，现在越来越多的人开始对于素食发生兴趣，却是从食荤的过程转变过来的，其动力正是来自于对人的身体的足够了解。比如，人在生理上其实并不需要吃肉。

不需要吃肉？一般人肯定不会相信。

我看过一个资料：美国国家责任医疗医师委员会主席伯纳德博士认为，蔬菜、水果、全谷类及豆类这四类健康食品都能提供充分的蛋白质、大量的钙和铁，富含维他命及矿物质、食物纤维；没有脂肪或含很少的脂肪，没有动物性脂肪，没有胆固醇……他甚至指出，我们从小吃到大的食物，有些也许必须完全避免，肉，奶，蛋这类食品有胆固醇，有动物脂肪，它们导致很多问题……

另一个让人不得不信服的研究成果是，"人类的结构，不论从内在或外表来看，都充分显示出蔬菜与水果是他的自然食物。"

美国哥伦比亚大学的科研人员曾对食肉动物和食素动物的消化系统进行比较，发现：食肉动物如老虎、狮子等的消化道较短，大肠平直光滑；食素动物如牛、马、羊等消化道较长，并且大肠弯曲多皱。人类的胃肠结构虽介于食肉动物和食素动物之间，却更接近于食素动物。无疑，人类更适合吃素。

如果你不认为以上的种种说辞只是出于对"低碳生活"的"蛊惑"和"宣传"，好吧，剩下的事情将变得非常简单：去小菜场，只需为蔬菜、水果、全谷类及豆类这四类食品埋单就是了，不用再围着水产柜、猪肉摊、鸡鸭笼转悠……

　　说实话，我很难相信这会成为菜场的一道风景。很多时候，让一些人成为科学的信徒比成为宗教的信徒要困难得多。

安之若「素」（下）

　　是的，吃素和礼佛有一种无法割裂的天然关系，其他不用说，上海有名素食馆如功德林、觉林等招牌，几乎都是赵朴初居士（前中国佛教协会会长）或高僧题写，就很说明问题。让人深感幸运的是，多少餐馆开了关、关了开，而那几个有名的素食馆却香火不断，应该是拜佛缘所赐。信徒们是不会让它们轻易歇业的，素食馆尽管不是道场，至少也是具有象征意义的文化场所，它和一般餐饮机构不太一样。当然，前来吃素的人，未必都是宗教信徒，其中相当一部分人，只是把吃素看作是一种生活方式，甚至为了减肥。

　　前几年，上海功德林修缮一新之后低调开张，邀请一些朋友前去座谈，共商振兴沪上素食之计。闲聊时，我提到一桩掌故作为谈助，即1933年英国文豪萧伯纳抵沪，宋庆龄请他吃饭，吃的便是素食。难道萧是个佛教膜拜者？这倒不是，准确地说他只是个动物保护主义者。他曾说过："动物是我的朋友，我不会去吃我的朋友。"其实，只要有心留意，在《鲁迅日记》和《新文学史料》中，不难找到一代中国文化名人在功德林雅集的影踪。

　　"我可不是吃素的"这句话，表示的是"吃荤比吃素有力"的观点，似乎已经成为常识而被人欣然接受，事实上谬误丛生！毕达哥拉斯、柏拉图、苏格拉底、达·芬奇、莎士比亚、牛顿、达尔文、伏尔泰、托尔斯泰、本杰明·富兰克林、爱因斯坦、泰戈尔和运动名将卡尔·刘易斯以及影星达斯汀·霍夫曼……都热衷于素食。如果他们说自己"不是吃荤的",大概也没有人怀疑他们是最有力量的人的代表。不管食素出于何种欲念,总之,食素所产生的客观效果,已经昭然若揭了。

从前那些很有文化素养的人们,之所以选择功德林,实际上并非因为嗜素,而是要传达出一种追慕自然、质朴、简单、健康的生活理念,其中包含着拒绝奢华和浪费的主张。只是,以此来观照现在的食素,就有点似是而非了。何故?道理很简单,如今那些有名的素食馆里一桌有点"腔调"(沪语,意为档次、排场)的素餐,可能抵不上一桌翅席,却绝不下于杏花楼的一桌高档宴席。如果某天有阔佬请你到有名的素食馆"坐坐",千万不要嫌其"小气"而恶之。

因为一般人对于素食颇多误会,往往"过素门而不入",致使一些社会素食餐厅失去改良动力,抱守残缺,固步自封。素鸡素鸭素火腿,松鼠鳜鱼冬瓜盅,老一套,不将传统进行到底不罢休。然而,这种态度,反过来又令顾客欲进又止。一个有力的证据是,你只要问问身边的亲朋好友:吃过素食店里一桌像模像样的素餐吗?结果恐怕会令人沮丧,即可知当下素食行情之淡。

以前不止一次听北京来的朋友说起,北京专吃素食的净心斋如何了得如何火,连外国人都趋之若鹜,将信将疑,因为北京也是有功德林的,而且很有年份了,"新开豆腐店"风头还能健过百年老店？正好近期该店挥戈南下，在上海布局，便去做了一回偷书的蒋干，果然气象不凡，与传统素食风格迥异。先说环境，完全西式摆设，家具典雅，器皿精致，为一般素食馆罕见；次说菜肴，卖点在于创意，能出人意料之外。比如素手卷，让人想起日式料理的别具一格；名士风骨，用四种肉酱（均取诸菌菇）做成排骨，附以炸成入口即化的野菜；荷塘月色，拿荷叶包裹各类蔬菜烹调，放在一个非常艺术的瓷器里端出，相当漂亮；水煮鱼，和我们平时吃的极其形似，但吃法讲究，一大块鱼片夹出，须放在一块面包上吸干油水后再吃；面包时蔬，将一个面包中间挖空，内置若干蔬菜，倒入芝士，充满异域风情；富贵八戒，吃法形同北京烤鸭，不过以蔬菜为主打；金刚萨片，即炸鱼排，当然是素的，妙在作为辅料的冰翅、海苔、海藻等海底植物，让人产生新奇感觉；生鱼片，仿若冰镇刺身，以假乱真，堪称一绝……总之，时尚，高档，精细，艺术，确实让人耳目一新。

一切皆有可能。世界上许多事情其实都是可以改变的，就看你的理念够不够先进。我们不能改变素食的基本原则——素，难道还不能改变它的表现形式吗？创意素食的出现，给传统素食餐饮的振兴和转型，无疑是打了一针"鸡血"。

八宝饭(上)

◆　　　　　　　　◆

八宝饭是上海人喜欢吃的甜点，以前通常在节庆日的宴席上出现，必须的。现在少见了，大概因为宴席上的点心可供选择的很多，什么榴莲酥、萝卜丝饼等等。梁实秋先生说，从前八宝饭上桌，先端上一二小碗白水，供大家洗匙，实在恶劣……（有人）用小匙直接取食，再把小匙直接放在口里舔，那一副吃相就令人不敢恭维了。

梁先生说得对，不过有点苛刻。这些是否就是八宝饭淡出宴席的理由？我看没那么简单。

宴席过半，来道甜食，这是非常适合的。本来按规矩一人一匙，老少无欺；一圈下来，再行旧制。可是就有一班人，看见自己喜欢的八宝饭，便在手里暗暗使劲：你们不是约定俗成一人一匙吗，好呀！他一匙下去，八分之一的"地盘"被割据了，而且中心开花，把上面的核桃、莲心、瓜仁等捞去大半不算，连下面的豆沙，也被他那把"洛阳铲"挖得起了大底；上行下效，有过之而无不及，一圈将尽，轮到最后一个人下匙，基本只剩一坨饭了；有的人喜欢吃豆沙，有的人喜欢吃糯米，有的人喜欢一半糯米一半豆沙，偏偏那只八宝饭做得不地道，豆沙馅不在核心部位，偏了，偏

154

安一隅，好比煎荷包蛋，蛋黄永远不居中，让人懊恼不已，于是那些小匙像盲人的手杖，东点点，西敲敲，把一只好好的八宝饭折腾得像蜂窝煤……

自然，还有一个更重要的原因是，江南一带的八宝饭做得都贼甜重油，如今血糖血脂血压"三高"的人不少，对甜食有些畏惧心理，若此时让他也来两匙，等于落井下石，请客者为在座各位的"安定团结"计，便把八宝饭"和谐"掉了。

诸如此类，不一而足。八宝饭之所以在宴席上销声匿迹也可知了。至于梁先生所说的"劣迹"，其实大可忽略不计，即使把吃八宝饭的所谓"陋习"改得可以让人恭维了，接下来的"八宝辣酱"、"清炒豆苗"等，谁有耐心用公筷公匙去侍候？我倒觉得，把小匙在清水里濯一下，是那么的优雅，堪比洋人吃指甲样大的一块牛肉，便要用洁白的餐巾使劲地擦去嘴角可能有的汁渍。

如果按洋人的吃法，须得把一只象征圆满的八宝饭，分裂成大小均等几份或更多，而有可能每人吃到的只是一碗"豆沙拌饭"，那种"打土豪，分田地"的快感就没有了，那种"自己动手，丰衣足食"的豪迈就没有了，那种"全世界无产者联合起来"的气氛就没有了，还不如每人发一枚豆沙粽子，亦中亦西，既卫生又公平。可八宝饭的味道在哪里呢？

如果最终的效果差不多，中国的问题用中国的方式去解决吧，挺好！

八宝饭（下）

　　八宝饭，顾名思义，由八样好吃的食材组成。至于哪八样，说法各异，比较大路的，是莲子、红枣、金橘脯、桂圆肉、蜜樱桃、蜜冬瓜、薏仁米、瓜子仁等。选这八样食材，自有道理：莲子象征婚姻和谐；桂圆象征团圆；金橘象征吉利；红枣象征早生贵子；蜜樱桃、蜜冬瓜象征甜蜜；薏仁米象征长寿、高雅、纯洁；瓜子仁象征平安无事。加红梅丝祝福顺利；加绿梅丝代表长寿。后来又增添了桂花，寓意"金（金桂）玉（糯米）满堂"。但主力食材只是两样：糯米和豆沙。

　　豆沙很重要，赤豆一定选优质的，才有足够典型的豆沙味道；当然还得在加工上多花心思，细腻、滑润，还有恰到好处的厚度，都是基本的。对糯米的要求更高，既要软糯，又要有一定的咬劲，等于走钢丝，掌握平衡十分关键。上海一些以做点心出名的饮食店，几乎都把八宝饭看作主力：一是上海人喜欢吃八宝饭，不可怠慢；二是好的八宝饭，能够折射出制作者手艺的精良、食材的高级和企业的品格。

　　前些年，在我们单位食堂可以买到一种比拳头略大一点的小八宝饭，两元一只，实惠得要命。其他的都乏善可陈，唯独糯米的吃口极好，颇受职工青睐，每天总是很快售罄。一段时间后，小八宝饭就没了踪影。我因为跟食堂主其事者熟稔，于是代表自己及"人民群众"前去"上访"。主其事者一脸无奈："没办法，那批好米吃光了，再也拿不到了。"可见所谓八宝饭，第一宝贵的要数"米"，接着是"沙"，然后才是那些花花绿绿的"八宝"。

印象里，在上海以外的地区，我几乎没有吃到过八宝饭，所以一直以为八宝饭乃是上海的特产，至少上海应该是其发轫之地。事实上，这却是个错觉。

两个月前，我过郑州，因对彼间餐饮毫无了解，便学着梁山好汉的样儿嘱咐店伙："当地有什么好吃的有特色的东西尽管拿来！"结果，上桌的那些"没特色"的品种里头就有八宝饭。即便八宝饭可以归属有特色的一类，那也应当算在上海头上而怎么是郑州？那店伙跟我解释："这可完完全全郑州特产，一点没骗您哪！"我也不跟他计较，现代社会已发展到了连"梦"也要"盗"了（美国大片《盗梦空间》），餐饮上的"盗版"实在微不足道。

哎，后来我发现店伙没瞎说。看他那模样，足不出河南，哪知道上海除了东方明珠还有八宝饭？周芬娜《饮馔中国》说得实在："郑州虽是古都，但在美食方面……值得一提的只有八宝饭、烩面、焖饼、蒸饺等米面主食。几乎每个中国人都吃过八宝饭，但很少有人知道这道菜源出郑州。"为什么郑州人会发明八宝饭？周女士说是因为那里盛产优质稻米，郑州郊区的凤凰台村、辉县曾经都是"贡米"产地。

这算是哪门子的证据？

另有一种说法：周武王率诸侯东征，败纣于牧野，武王及定天

157

下，建都于镐（今长安西上林苑中）。伯达等八士因功勋卓著，深为武王和人民推重。在庆功宴上，庖人做八宝饭庆贺应景，以八宝象征有功的八士。

以盛产好米而定发明权固然牵强，但以"八宝"影射"八士"也有失附会（陕西的面食一流，但很少以米制品取胜，物质基础不硬，证据自然疲软）。如果一定要说陕西是八宝饭的发祥地，我推想，那也是周武王的人马从河南带回去的。武王伐纣，事在豫域，并且八宝饭在陕西的出现，恰巧在武王凯旋之后，道理上说得通。

再来说说那道郑州八宝饭：绝对没有上海八宝饭的繁复，任你怎么数，也数不出"八宝"来，饭上浇着一层稠稠的糖浆水，黄蜡蜡的，就像刷了一层厚厚的黄鱼胶（从前流行的一种低档的粘合剂）。不过，除了感觉过于甜腻，糯米和豆沙都很可口。可以相信，优质稻米在里面起到了极其关键的作用，当然，烹饪到位同样不可忽视。

回想一下，说郑州是八宝饭的故乡，大概不是空穴来风。

其实，八宝饭的"故乡"还有很多，比如山东一带盛行一种土八宝，而湖北荆州的八宝饭、广东徐闻的八宝饭等等，都是当地人引以为豪的特产。像徐闻八宝饭，还另备一款咸八宝，让我们做梦都想不到。

和上海八宝饭相比，郑州八宝饭确实缺少那么一点精致，但要说古老，上海八宝饭总是吃亏一些的，至少在《清明上河图》的年代，人家的餐饮水平已经很像样了，而"上海"这个地名还不知道在哪里（或许刚刚出现）呢。"八宝饭上加把盐——又添一位（味）"这句歇后语，说的恐怕正是上海八宝饭。

锅巴入馔

记得好多年前，掌故大家周劭先生跟我说起一件趣事："二战"欧洲战场即将结束，上海有家肥皂公司要推销一种肥皂，但销路老打不开。后来公司在报上刊出广告，有奖征集市民预测苏军攻克柏林的时间，谁猜对，或相近，就能得到多少箱肥皂，那肥皂的名称就叫"攻克柏林"。结果，这种营销大获成功。

有趣的是，其时有道菜，也和"二战"巧妙地挂起钩来，名曰"轰炸东京"：一大盘滚烫的油炸锅巴端上桌，服务生马上把一碗茄汁虾仁呼啦浇在上面，锅巴猛然吸收汤汁，发出"嗤啦"一声，烟气直冒，上下互动，跳蹿不停，一片狼藉，就像东京被盟军的飞机炸过一般。凭借这个噱头，这道菜之大受欢迎自然毋庸置疑了。

所谓锅巴，就是煮饭时不慎，锅底结了一层焦黄色块状的干饭粒硬壳，上海叫"饭糍"，四川叫"锅巴"，江西叫"锅底饭"，广东叫"锅焦"，安徽则叫"靠山"，山西叫"锅渣"……不一而足。

在我的印象中，锅巴是煮饭操作失误的产物，好比男女贪欢不慎有了不希望出现的"结晶"。我相信没有一个家庭主厨面对一层厚厚的锅巴而不懊恼万分的，除非有的餐室有意要生产锅巴，以应做菜之需。其实，餐室若有所求，恐怕也是定点定时外出采购，犯不着为求几道锅巴菜而多煮几锅吃不完的白饭。

小时候，我家弄堂口有家饭店，我总看见一位大师傅头顶一张焦黄的半圆形、直径足有六七十厘米的锅巴穿堂而过，不知做何处理。及长，到该店"学工"，才知道它是卖给那些家庭困难、口粮不济的居民。那些锅巴用热水一泡，不就成了泡饭？尽管一股煳焦气让人不爽，只要能够解决肚子问题，谁还计较那么多！至于为什么老是不吸取教训而制造锅巴，此时也有点明白了：要烧那么一大锅饭，又要使最上面的饭粒糯熟，不多煳些时间行吗？由此，锅底结"痂"就难免了。

有一种说法和我臆想的完全不同，认为锅巴根本不是"意外"的产物，比如安徽一带，锅巴从来就是一种干粮，它们被晒干后储藏起来，以备粮荒。所谓"靠山"，是把它看作抵挡饥荒日子的"依靠之山"。

《世说新语》中说："吴郡陈某，家至孝，母好食铛底焦饭，陈作郡主簿，恒装一囊，每煮食，辄仁录焦饭，归以遗母。后值孙恩贼出吴郡，袁府君即日便征。陈已聚敛得数斗焦饭，未展归家，遂带以从军。战于沪渎，败，军人溃散，逃走山泽，皆多饥死，陈独以焦饭得活。"颇可参观。

但总之，吃锅巴并不是有身份的标志。古时有个廉吏，以生活简朴出名，被称为"李锅巴"。显然，锅巴被赋予了"清贫"的象征意义。这当然并不是说，锅巴就一定是下民的宠物，只要烹调得法，完全可以"化腐朽为神奇"。

当年乾隆皇帝下江南，最大的贡献，就是让几个普通的小菜，经他"钦点"一跃而成为名菜，比如鱼头豆腐、松鼠鳜鱼、五丁包子等等，还有就是虾仁锅巴，乾隆特别欣赏，赐予"天下第一菜"的美名。而在这之前，人家把这道菜叫做"春雷惊龙"。本来很有意象的一道菜，被"皇恩浩大"成了毫无想象空间、俗不可耐的名称。

两三年以前，我看过一篇文章，说是慈禧太后嗜食锅巴。这就让人看不懂了。慈禧一顿饭吃百样菜，中年之后尤喜肥甘厚味，怎么改了口味。

《黄帝内经》里说："膏粱厚味，足生大疗。"慈禧的"病历卡"上记载着"饮食半膳不香"、"夜寐欠实，晚膳消化缓慢，时有头晕，夜间倒饱，嘈杂作呕"等症。慈禧喜欢锅巴，有时干吃，有时配菜，有时研末调服，至死不渝，也许是遵了医嘱。

慈禧去世的前一天，御医给她的处方是："粳米饭锅巴焙焦，研细末服用。"原来，略微炭化之后的锅巴，部分糖分得到分解，易于消化，养胃着呢。

现在，锅巴入馔很是流行，比如口蘑锅巴、鱿鱼锅巴、海参锅巴、干贝锅巴、鱼肚锅巴等等。我看见过最有创意的一款，叫"周瑜打黄盖"，其实就是咸蛋黄炒膏蟹，不同的是，裹上咸蛋黄的蟹盖下面垫的是焦黄的锅巴，而将做成细棍状的韭黄春卷架于其上，仿佛是苦肉计中的棒打黄盖，妙不可言。

我对于锅巴总的来说是排斥的，有人说锅巴烧成泡饭很香，我也不为所动。但是，倘若上海人烧菜饭，难免结缘饭糍，并且尚未呈现焦黑状，我倒是有点喜欢，以其有异香、有滋味、有嚼劲，别有风味也。至于作为休闲食品的锅巴，早就和炸薯条和碳酸饮料等被归入"垃圾食品"，吃不得也。

　　有诗曰："隔江船尾竞琵琶，金帐宁知雪水茶。新妇美汤多得意，老爹自合嚼锅巴。"只是，锅巴虽好，若无新妇美汤，谁还会觉得好呢？

似曾相识燕归来

◆　　　　　　　　　◆

　　翅（鱼翅）鲍（鲍鱼）燕（燕窝）参（海参），是中国人心目中的四大高档食材。大而言之，凡食材，均有药效（当然也有毒副作用）；反过来说，凡有药效者，亦多半可以入馔，其关键者，在于是否吃得进，味道好，能消化，否则便是药而非菜。

　　四大高档食材当中，只有燕窝，我以为离"菜"远，离"药"近，道理是它的药用价值超过了满足味蕾刺激的价值。如果有人说燕窝好吃，我推想，他只是因为菜里加进燕窝，感觉发生了偏移，实际上真正起作用的是与之搭配的食材。

　　中国人差不多是有"燕窝综合征"的。此话怎讲？就是中了"稀贵"的流毒。比如，中国基本不产红木，但中国人使用红木家具的热情，站在了世界前端；中国也基本不产燕窝，印尼燕窝占全球燕窝总产量的80%，马来西亚13%，泰国5%，越南2%。中国呢？不用说了，但绝对是"消费大户"。

　　据说燕窝是明代的郑和在下西洋时从马来群岛带回来的，也有说是武则天时代的产物：有一年秋天，洛阳东关的菜地长出一颗特大萝卜，农民以奇物进贡宫廷。女皇传旨御厨师将之做菜。萝卜能做出什么好菜来呢？厨师冥思苦想，穷极所有技艺，对萝卜进行精细加工，配以山珍海味，制成羹汤。女皇一吃，称赞大有燕窝风味，遂赐名"假燕窝"。

这是一件不能圆说的好笑的事情。一是则天女皇有真燕窝不吃倒欣赏假燕窝，于情于理，均不通达；二是既然则天时代已有了燕窝食品，何言郑和为燕窝输华之始作俑者？

我是相信郑和的。因为从此以后，作为食品的燕窝见诸诗文多了起来。而在这之前，燕窝只是燕之窝，与食品殊少纠结。陆游《岁暮》诗曰："燕脂斑出古铜鼎，弹子窝深湖石山。老去柴门谁复过，天教二友伴清闲。"燕和窝都有了，就是没提燕窝可吃。急煞人！

许多人知道燕窝但不解其究竟为何物。简单地说，燕窝就是燕子口腔分泌出的一种胶质唾液，吐出后经海风吹干，成为半透明而略带浅黄色的物质。燕窝不是燕子的窠，也不是所有的燕子都能分泌，它只是一种叫金丝燕的产物。

金丝燕第一次筑的巢完全是由喉部分泌出来的大量黏液逐渐凝结而成，一毛不含，质地纯粹，质量最佳，古时常常被作为贡品，故名"官燕"。

被人采走燕窝后，金丝燕只能第二次筑巢。因时间紧迫，它们只好衔来羽毛、小草等与喉部胶状物做成"混凝土"再次筑巢，相对比较粗糙，杂质较多，营养成分也差，称为"毛燕"。

即将产卵的金丝燕因窝被采得不得不第三次筑巢。此时，其喉部吐出血状黏液，称为"血燕"。这时的燕窝是不能采撷的，否则破坏生态。另有一种"血燕"，不是"呕心沥血"之作，而是被所附红色岩石壁渗出的红色液体滋润，因含矿物质，成为燕窝中的珍品。

《红楼梦》里最让食客津津乐道的是吃蟹，其实，提到吃蟹的次数未必有燕窝多。所以清人裕瑞批评《红楼梦》："写食品处处不离燕窝，未免俗气。"这是对的。但曹雪芹要显示贾府的阔绰，让里面的人多吃，却又是恰当的。

从历史上看，皇室贵胄，都是燕窝消费的主力。慈禧喜欢，宋美龄喜欢，那些爱美的女明星也是燕窝的拥趸，甚至，一位以"飞人"著称的中国运动员，其母常以冰糖燕窝伺之以克其青春痘，真是爱美之心，不遑多让。

四大高档食材，我均有幸尝过，唯燕窝印象最弱，盖因饭局当中所奉"官燕"之类，极其吝啬，吃到嘴里，形同耳屎。倘若吃到像吃白木耳的感觉，那要恭喜你，说明体量不差，唯一要担心的是所货掺假也。

燕窝制法很多，唯冰糖燕窝最合法度。我吃过最有创意的燕窝，是在泰安路上专做燕菜的餐馆。这是一道冰淇淋甜品：将青苹果挖空，里面放燕窝和冰淇淋，清香四溢，滋润滑爽，尤其适合夏季女士品尝。

有一年，一位喜欢听我胡说八道的企业家，大概发了财，买了许多燕窝赠送客户，我有幸忝列其中，得了好多盒。我不知轻重，更不知如何消受，便借花献佛，一下子送了四盒给一位刚刚帮过我忙的朋友。不久，那位朋友竟然回赠了许多礼物，让我百思不得其解。后来我去药店买眼药水，偶尔瞥见橱窗里陈列着燕窝牌价，吓了一跳，贼贵！才知道自己的无知给朋友心理上造成了不安，有违君子之交的基本准则，深悔孟浪至极。

让人欣慰的是，为保护生态，有人发明了燕屋：燕子仍是野生的，屋子则用来吸引燕子，以便它们能把窝筑在燕屋里，让工人能够收集燕窝。"似曾相识燕归来"，其意境委实很美。

我想，我们一般人现在能够吃到的所谓"野生"燕窝，差不多都属于这一类的吧，除了假冒。

佛闻弃禅跳墙来

◆　　　　　◆

　　佛跳墙是福建第一名菜，说过和尝过的人都不是很多，但听说过的人却不少。这个菜名的怪，和狗不理、驴打滚等有得一拼。

　　我童年时吃过这道菜，名字记得牢，味道却早就忘光。从孩子的角度说，味道并不佳，甚至还有点怪。当年，有个亲戚在当时的南京路永安公司隔壁的闽江饭店举办婚宴。其时，在这类饭店办结婚酒席，经济条件一般相对较为窘迫，但福建人可以除外，因为他们就是为吃这道家乡菜而来的。

　　记得当时的佛跳墙，盛在一只大坛子里，里面什么都有。据我家大人说，福建人吃饭，有这样一道汤，足以下饭，无须另谋小菜。所以，只要上了这道菜，其他小菜可以名正言顺地减少，这和现在叫了鲍鱼、鱼翅，小菜少叫几个，没有人会怪罪一样。这道菜的价格，一直是极昂贵的，我记得好像要五六十元一坛，差不多是一桌菜的三分之一或四分之一。许多人之所以要到闽江饭店吃饭，一半的动力来自于对这味佳肴的向往。

　　关于佛跳墙这个名称，说法众多。有的说，这道菜太香了，香得连佛都跳过墙去偷吃；又有人说，庙里的小和尚偷吃肉，被老和尚发现，小和尚一时情急，抱着坛子跳墙而出。

还有两种，似乎和"佛跳墙"这个出典不太相干：一是，有个乞丐捧着破瓦罐挨门逐户乞讨，讨得残羹冷炙，加上剩酒，当街回炉重烧，结果奇香飘逸，一位饭店老板闻之，颇受启发，将店中各种食材加酒治于一坛，"佛跳墙"乃成；一是，从前福建盛行"试厨"，即新娘子过门，要有一定的仪式来检验新娘子是否有"主妇"素质。相传某新娘子娇生惯养，从不近炊事。出嫁前夕，其母将各种食材各以荷叶包裹，并附以烹饪锦囊一封。新娘子刚到婆家，便被要求下厨，怎奈锦囊竟被她丢失。也算是急中生智，她将所有的食材一起倒入酒坛，上面用荷叶覆盖、扎口，文火慢炖，菜成掀盖，香气弥漫。婆家人欢欣不已，于是很认这个新媳妇。

这个故事很好玩，可惜与"佛"无干，更与"跳墙"缺缘。

还有一种传说是：这道菜本来只是将鸡、鸭、猪蹄等原料，加绍酒慢慢煨至酥烂；后来减少了一些肉类，转用海鲜，更名为"坛烧八宝"。经不断改良，食材增至二三十味，称得上蔚为大观了，便更名为"福寿全"。在闽南话里，"福寿全"是可以读作"佛跳墙"的，义音相谐。这当然有点推理的成分。

比较可考的说法是，光绪年间，福州官银局的"局座"设家宴招待布政使。"局座"夫人乃是烹饪高手，她把鸡、鸭、猪肉放在绍酒坛中细炖，味道绝美。那位布政使赞赏有加，回家后命衙内掌厨郑春发如法炮制。

郑十三岁从事餐饮，在京、沪、苏、浙一带遍访名师，于烹饪颇有心得。1877年，他辞去官银局的主厨，自立门户，先在福州东街口开设"三友斋菜馆"，后改"聚春园"。他将佛跳墙的食材范围大大扩大，放入鲍参翅肚等高档品种，目标客户当然是布政、按察、粮道、盐道等"公费消费"及豪门贵族的私宴。据说有一日，几个"文化人"到"聚春园"聚餐，店伙抱出一个酒坛放在桌上，揭开坛盖，满室溢香，食之更是令人拍案叫绝。有个秀才技痒难耐，脱口吟道："坛启荤香飘四邻，佛闻弃禅跳墙来。"佛跳墙之名，乃远播四海。

我们看到的佛跳墙，无论大小，为什么都做成酒坛的模样？我推想，道理就在于它原本就是在酒坛里面烹调的缘故。

标准的佛跳墙应该包含以下食材：海参、鱼翅、鱼唇、鱼肚、干贝、猪肚、猪蹄筋、火腿、鸡、鸭、鸽蛋、红枣、栗子、冬笋、冬菇、白萝卜等，配以鸡汤、肉骨汤、绍酒、冰糖、姜、八角等作料，用荷叶密封于酒坛，再施以木炭文火煨炖而成。可想而知，此菜价格一定不菲。现在到饭店吃佛跳墙，讲究一人一盅（不是碗状的，而是像小酒坛似的），上点品的，便宜者二三百元，金贵者则非五六百元不办。这样，一桌酒席上万也就稀松平常了。

外行以为佛跳墙做起来很容易，只要把所有名贵食材一锅煮就行。差矣。传说台湾画家杨三郎的太太许玉燕，前后花费两个星期才做成这道菜。

记得第三届海内外烹饪大师厨艺大赛上，有位姓林的大师的作品就是佛跳墙。我看别的大师大多手忙脚乱，应接不暇，唯独他神情悠闲，泰然自若。原来，他要做的菜，早在前一日的晚上已经上手，现正在炉上文火煨炖着。只要一声令下——"上菜"，即可出菜，一点不耽误工夫。

若问做佛跳墙有何难哉？一句话，由于食材各异，要使它们上桌时吃口都恰到好处，一般人根本办不到。办不到，就该轮到那位跳墙了——溜之乎也。

软炸拇指与红烧象鼻头

好几次，在饭局上，有人提到大肠好吃，总会招来一片反对声。这些"持不同食见者"的理由简单到无法想象：因为大肠是排泄的通道，所以不吃。谢天谢地，他们总算没说"因为不好吃而不吃"，否则，岂不是要让大肠背着"难吃"的坏名声？

大肠确实是好吃的。它并不因为有些人的鄙视而变得不好吃。我只能说，对它敬而远之者，失掉的，不仅仅是美味，更主要的是对于食物的尊重和体贴。

穷愁潦倒的范进总算进了学，母亲、妻子俱各欢喜，原本势利的老丈人胡屠夫居然也放下身段前来祝贺，礼品，便是一瓶酒、一副大肠。这是《范进中举》当中的情节。

或说，这只能证明大肠是草根的宠儿。低档？不错。然而，谁又能证明它的不好吃呢？

上海本地菜的经典作品，有虾子大乌参、油爆虾、八宝鸭、腌笃鲜，还有就是绕不过去的草头圈子（上海人称大肠为圈子）。毫无疑问，猪大肠是肮脏的。把肮脏的东西洗净了，就不肮脏了嘛。有的人灵魂肮脏，经过洗脑，不是也变得高尚起来了吗！洗大肠总比洗脑子容易吧。本帮大

172

师傅为了使其略无脏气，采用大量的酱油、冰糖、蒜泥、料酒等等加以油炸、焖烧，再辅以草头，遂成名菜。上海的老正兴、德兴馆最擅胜场。

前两年，一位朋友的妹妹在闸北公园斜对面盘下一家门面做餐馆，招牌菜便是草头圈子和葱油饼。主厨是老正兴出身，手段不凡，做出的草头圈子，真所谓油而不腻、入口即化，还有一丝甜蜜蜜的清香，尤以富于回味而征服食客。口口相传，有位老者居然从闵行赶来一尝为快。可惜，这家餐馆经营不善，苟延残喘一年多，关张大吉，颇使一些拥趸者叹息不已。之后有一回，我的在电视台做制片人的同学在老正兴请客，自然要上看家菜草头圈子。吃口一般就不说了，原先印象中应该有的那种圆润饱满、挺拔精神都不见了，看上去软不拉沓的，让人有技术走形、火候不到的感觉。但愿这只是偶然事件，否则，本帮菜岂不又弱了一道。

其实，在上海要吃大肠不难，不少饭馆都上目录，甚至面馆里也有供应，只因处理粗糙、烹调失当，让人既不放心于卫生之到位，又不惬意于味道之偏颇，以致徒有虚名，败坏形象。

本帮草头圈子再有名，恐怕也大不过济南的九转肥肠。

九转肥肠听上去像是取其"九转"之长，非也，倘若把一根肥肠烧得像一条鳗鱼，谁也吃不了、吃不下。九转之名，据说缘起有二：一是当年乾隆品尝之后，大为欣赏，赞其做工精到如道士炼制九华丹，故赐名"九转肥肠"；一是济南九华楼首创红烧肥肠，因为红润细腻，制法考究，文人学士便取店名之"九"合并道家"九转金丹"之"九转"，改其名为"九转肥肠"。总之，都是表彰其功夫了得。现在，济南的聚丰楼俨然成了吃"九转肥肠"的名店，极富号召力。

和上海的草头圈子相比，九转肥肠下料狠——色泽红润透亮；用料全——作料五味俱全，深得口味较重的北方食客青睐。更有别出心裁者，在大肠内套小肠，以增加咀嚼的筋道。

大肠入菜，虽然无以"有同嗜焉"，但各地各有绝活，什么苦瓜肥肠、卤大肠、套肠、肠粉、大肠茄子煲，等等，指不胜屈。以四川一地而言，林林总总，令人晕头转向。据四川美食家车辐先生介绍，成都小吃当中经常可以吃到比如卤肥肠夹锅魁、煮肥肠、肠肠粉、小肚把子、肠肠豆汤、蒸肥肠、红烧疙瘩肠……上海人看见大肠里面白乎乎的脂肪就害怕，川人则就好这一口——越是天冷，肠内凝集的脂肪越厚，越是别有风味！

在成都，有一道比较高级的大肠菜，叫"软炸扳指"。高明的大厨将大肠洗净，蒸煮，然后穿上"衣子"，入油锅软炸成金黄色，既酥且嫩，看上去像一枚"扳指"（戒指之类），再加葱酱、椒盐、姜汁、稀卤，便可一尝为快。我感兴趣的是那件"衣子"是什么（该不会是镀金的吧，一笑）。车老没说，我好奇心强，觉得有点遗憾哪！

听说过"红烧象鼻头"吗？你也许说我在忽悠人。事实上，从前真是有吃大象鼻头的，史籍有记载。名剧作家黄宗江先生是吃过大象的，那还是当年他在马来半岛得到的口福，是不是连带吃了象鼻头，那就不知道了。但现在谁还敢冒天下之大不韪？其实，象鼻头乃是猪大肠的肠头充的：把肠头最肥厚一段切下来，用粗绳一道道扎成象鼻的皱纹，浸在卤水里三天，成形后取出，用浓油赤酱红烧，遂成一道名菜。

呵呵，相比之下，挂羊头卖狗肉还算是好的呢。

霸王别姬及其他

◆　　　　　　　　　　◆

　　中国有出名剧，叫《霸王别姬》。有人把它译成英文：
Farewell My Concubine，再转译回来，就变成了"再见，我
的小老婆"，令人喷饭。若说译事，"信"、"达"都到了，只是
"雅"有所欠缺，绝非佳构。咱们还有一道名菜，也叫"霸王
别姬"，如果如法炮制，别说咱们不同意，那霸王（王八）、姬
（鸡）恐怕也不肯答应。

　　"霸王别姬"这道菜，直白地说，便是甲鱼炖鸡，其实没有
什么可以"思千古之幽情"的，倒是有点亵渎英雄美人的意思。其
"知识产权"属于谁，颇有争议，山东东平、鱼台，河南淮阳，江
苏徐州……各有说法。我比较倾向于徐州，并不是说那里做的"霸
王别姬"天下一流，而是传说中的"霸王别姬"故事，就发生在徐
州境内，先得地利。

　　还有一件"证据"有助徐州：抗战前夕，梅兰芳和金少山等
曾到徐州劳军，演出《霸王别姬》，非常成功。临别，主人为之饯
行。席上端出一道菜——甲鱼炖鸡，鲜美无比。梅博士赞赏不已，
询问菜名，侍者从容答曰："霸王别姬。"大家闻之，联想到《霸王
别姬》这出戏，不禁拍案叫绝。

以"霸王别姬"影射"甲鱼炖鸡",妙则妙矣,然而,明明是一出"有缘千里来相会"的"团圆"喜剧,何以成了"虞兮虞兮奈若何"的"离散"苦戏?

据说,这道菜的菜名,原是以"聚"为主张的:项羽曾在彭城(今徐州)欢宴群臣。虞姬小娘娘亲自设计了一道"龙凤烩"(即甲鱼炖鸡),作为主菜。因为在古人的心目中,龟归属龙族,雉则归属凤族,"龙凤相会"之含义由此毕现。故,"霸王别姬",实际上是"龙凤烩"的"山寨版"。

可是,这么一来,那种浑然天成的幽默感就荡然无存了。而且,难道虞美人有异禀,早就预料自己和项羽有从"龙凤会"到"霸王别姬"的宿命安排(一锅煮)?从价值观而论,这个世界缺少的不是粉饰太平的"龙凤呈祥",而是令人醒豁的"霸王别姬"呢!再就义理、辞章以及考据而言,"龙凤烩"显然也要比"霸王别姬"低俗多了,难怪其名不彰。

"霸王别姬"是一道名菜,也是一道贵菜。当年逯耀东先生回乡省亲,在当地最好的凤仙酒家"契阔谈燕",一共点了八冷盆、六热炒、六大件的海参席,外加一只"霸王别姬"。一算,外加一菜所值,竟占总数一半之强!

霸王别姬的烧法不一而足,基本可列两大流派:一是去骨取肉治于一炉,一是取一鳖一鸡炖于一锅。考究者,还于甲鱼或鸡的腹中塞入鱼翅、火腿、干贝等高档食材,这样既可吊鲜味,食材亦能互为补充,相得益彰。

中国人吃甲鱼的历史很长,《楚辞·招魂》中已有记载。甲鱼

176

的裙边，被视为"水八珍"之一（另七珍为：鱼翅、海参、鱼唇、鲍鱼、干贝、鱼脆、哈士蟆）。五代时谦光和尚一句"但愿鹅生四掌，鳖留两裙"，给予甲鱼很高的评价和地位。

甲鱼的营养价值也是公认的，堪称滋补良品。但现在要做成一味不柴不腻、滋味悠长的"霸王别姬"或"清蒸甲鱼"，可能性已不大，无他，因为野生甲鱼既不肯现身，正宗草鸡又不多见，所以口福浅是必然的。

日前接到博世凯食珍掌柜海银先生电话，说是要请我去品尝甲鱼。我对此素无兴趣，又要跑十多里路，成本偏高，便一再推辞。眼看甲鱼新鲜度日损，海银先生便备好作料，快递过来，殷嘱当日蒸煮，以二十分钟为限等等。可惜当晚我另有他事，无法付诸实施，暂寄冰箱。次日一早，海银先生便又来电问询，我只好老实交代：未曾遵命。他连连叹息："味道差了！味道差了！"于是，我下班回家如法炮制。

只见该甲鱼体量硕大，足有两斤。按说甲鱼一斤为宜，过大过小，均非高明。但此鳖不然，背壳青黑，花肚微黄玉白，鳖体扁平光滑结实，富有光泽，裙边宽厚，洵为佳品。尝之，黏而不腻，了无腥气，至于味道之好，为一般菜场之鳖无可比拟。

承海银先生相告，此鳖系仿野生有机甲鱼，中日合作开发，远销海外，有"中国出口第一鳖"的美誉。此次，他之所以着急地要倾听各方意见，以定夺是否把它引入本店的食单。为饱口福计，我当然予以撺掇。

我想，朝韩运动健将以食参为体能加油，中国运动健将以食鳖为体质增光，道不同，但取法乎上总是不错的。只要能强身健体，一解馋痨，管它叫甲鱼、鳖，还是叫王八。倘能请到"虞美人"（正宗草鸡）来共唱一出"霸王别姬"，则既可满足口腹之欲，又能数典而不忘祖，不亦乐乎？

蛋炒饭飘香

◆　　　　　　　　◆

　　最近碰到海上名厨张国荣先生，相谈甚欢。出于好奇，我忍不住问他："工作之余，如何安排自己的膳食，比如中饭？"他笑着说："只要有蛋炒饭就行。"这使在坐的人爆笑不已。因为在一般人的心目中，蛋炒饭太寻常百姓了，身手不凡的大厨，直面山珍海味不动心，难道还能对它垂以青眼？

　　这事还真是难说。

　　著名史学家、美食家逯耀东先生提到过这样一件趣事。他碰到一位留美的青年，互相介绍后，逯先生便问他："府上还吃蛋炒饭吗？"青年闻之大惊："你怎么知道的？怎么知道的？"原来这位青年的祖上在清朝世代为官，当年他们府上聘请大菜司务，都是以蛋炒饭和青椒炒牛肉丝作为考题，合则录用。那青年闻此掌故大笑："我吃了那么多年的蛋炒饭，竟不知道还有这么个典故。"逯先生又问："府上还有其他菜吗？"那青年答道："没了，只剩下蛋炒饭。"

　　由此可见，蛋炒饭的"粉丝"对于爱吃的食物是何等专注。

　　世家出身的唐鲁孙先生回忆说，当年他家招聘厨师，考试的题目则是三道：用煨鸡汤试其文火菜功底；用炒青椒肉丝试其武火菜；用做蛋炒饭试其综合能力。这一汤一菜一饭全部OK，方能算是高手。

鲁孙先生也是蛋炒饭的爱好者，曾创造过连吃七十几顿的纪录。然而，这个纪录只是他个人的最高水平。他的一个朋友，更是十余年如一日，每天早餐就是一盘蛋炒饭。我帮他盘算，得连吃四五千顿才行！不知道吉尼斯总部有没有给他颁发证书？

据我所知，数学家苏步青家里的早餐也是蛋炒饭，每天坚持不懈。苏步青活了一百岁，算来算去，吃蛋炒饭的吉尼斯纪录应该是他创造的。

蛋炒饭虽是不饭不菜，也不籍隶何帮何系，但细究之，出身不低，血统不杂，传承有绪。有人说，蛋炒饭原来的名称叫"苜蓿饭"，或写成"木须"，我以为应该写成"木樨饭"才对。北京菜中有所谓"木樨肉"。木樨花即桂花，蛋炒熟后很像木樨花，故"木樨肉"其实就是蛋炒肉片。那么，"木樨饭"，当然就是蛋炒饭了。

有关蛋炒饭的最早记载，据说见于1972年湖南长沙马王堆汉墓出土的竹简（上有"卵火高"的说法。"卵火高"是一种用黏米饭加鸡蛋制成的食品，或曰可能是蛋炒饭的前身）。此说有点牵强附会。米饭和鸡蛋结合，怎么就是蛋炒饭？那炖蛋淘饭又怎么说？即便如此，在马王堆里有它的影子，至少说明它的贵族气息颇有渊源。

有一种有趣的说法，认为蛋炒饭是从西域传入中原的。我觉得有理。你只要到过新疆，吃过当地的抓饭，大概会恍然大悟。汉民族喜欢把米饭煮着吃（上海人喜欢吃的菜饭，就是用大镬煮的），炒饭好像是中亚及南亚的饮食特征。

有专家考证，蛋炒饭传入内地的路线大致有两条：一条是从河西走廊进入内地，然后北上进入草原，传给东北的满族人，然后再传给汉人；另一条线路是穿过河西走廊南进，过南京，最后在扬州结得正果，成就了扬州炒饭。

由此，我才明白：为什么慈禧老太婆那么喜欢吃蛋炒饭（即所谓"金裹银"，蛋液必须均匀地包裹在每一粒米饭上，出锅时的炒饭外表如金子般澄黄，里面却要如美玉般白皙），原来她正是蛋炒饭北上的受益者和推广者；为什么地处江南的扬州会有蛋炒饭这样的"奇葩"，原来是隋炀帝下扬州的"夹带"（一说，隋代杨素创制蛋炒饭，其时作"碎金饭"，把蛋做成丝絮状，均匀地掺入米饭中）。现在看来，这两路的蛋炒饭的风格是不同的，慈禧版讲究"裹"（金裹银炒），炀帝版讲究"夹"（饭蛋同炒）。就个人偏好而言，我是"炀帝派"，只因其口感更佳，尽管"慈禧派"做工繁复。

蛋炒饭没有因为沾染皇气而魂断江湖，相反，倒是幸赖朝廷揄扬而泽及众生，成为民间最能接受的"简餐"和"快餐"，深入人心，绵延久远。歌星庾澄庆的饶舌歌曲《蛋炒饭》，曾经播腾众口；台湾剧集《翻滚吧！蛋炒饭》，更是演绎了一出阔小姐被只会炒一味蛋炒饭的厨师"俘虏"的传奇；奥运村扬州炒饭受到热情追捧；至于不擅炊事的丈夫，也以能做蛋炒饭而敢于与以"罢烧"相威胁的太太抬杠……全拜蛋炒饭所赐呵！

做蛋炒饭易，做好的蛋炒饭难。不管是慈禧版还是炀帝版，请谨记：1. 锅子要洗净，才能操作顺畅；2. 米饭要冷，才能不粘；3. 不断翻炒，才能颗粒分明；4. 油要热，炒饭才香；5. 辅料要烧熟后再入，才能各得其所。

油条

　　油条，曾经是我们经常相会的腻友，如今则是形同陌路的过客；曾经是一道菜，如今则是一味点心；曾经是平民的宠儿，如今则成腌臢的敝屣；曾经是早餐中的王者，如今则是失所的流民……它是长于怀旧的中年人温馨回忆的种子，成了他们向孩子说事儿的谈资。可怜的孩子只有在父母的嘴里获得一点点但色彩饱满的印象，却无法去品尝它，因为他（她）的家长不会同意。

　　油条当中折射出人类寻味的美学取向，应当是一种简单而立体的情感组接。

　　想起以前休息天早上，送孩子去读暑期班，闲来无事，便到就学处附近的大型超市"练脚劲"，以期更快地消磨时光。至少有三次，在"点心区"，我的眼睛停留在一摞油条上不动了。那些油条形象很差，就像满脸皱纹的老妪。太太见我目光有些执著，认定我此时馋虫快爬出来了，便笑着说："是不是要买了尝尝？""当然！"我非常肯定。

　　其时只要了两根——根本没把孩子的那份考虑在内。午餐吃粥，各色小菜好几种，我们拿出油条来吃，不想孩子嚷着也要尝尝，结果他一顿猛吃，独享一根，大人则平分一根。想不到，这一尝，他犹嫌不足，我们更是"余勇可贾"。

话说有一日太太外出买菜归来，竟然带回三根硕大的油条，烫，脆，香，外形可爱，吃口绝佳。原来，她是在平时殊少关注的家得利超市门口的早点摊上买的。胃口被吊起之后，我和孩子便各有一次自觉放弃睡懒觉的机会去买过。

小小一根油条，像法师手中的魔杖，激发了一个寻常家庭对于所谓"美食"的热情。我想，这已经不能简单地用"好吃"来涵盖，应当还有一种遗传——味觉，或者情感——在起作用。它触摸到的，不是我们心中最柔软的部分，而是最真实的部分。一切关于品位和健康以及繁杂等等的考虑，在它面前都不堪一击。

前面说过，油条曾经是一道"菜"而不是点心，这句话，对于那些70后、80后、90后的孩子来说是费解的。那么好，请现在已是中年或已步入老年的朋友，和我一道来完成那幅关于油条的拼图吧——

清晨，饮食店的早点摊通常会排起长队，人们手里，或拿着一根稻草（不是绳子），或拿着一根筷子，或拿着一只淘箩，它们将被用作"盛"油条的工具。如果买一两根油条，只需一根稻草一扎，便可上路；如果两三根，就需要用一根筷子将油条打通串联起来；如果四根以上，就得请教"淘箩"了，但同时你将获得极高的回头率：这是"豪举"啊，它意味着一般人家一天的开销全在里面了！

人们提着油条，穿过马路，穿过弄堂，穿过羡慕者的目光，去享受一根，不，甚至只有半根的美味。至于空口将一根油条吃光而不"带走"一碗泡饭，相当于空档上踩油门，很多时候是不被允许的。这就是油条作为"菜"而存在的理由。把油条撕开，加酱麻油，用开水一冲，一顿午饭庶几可以"过"了。这是那时市井常见的风景，虽然算不上悦目，却是绝对赏心。

现在，油条也确实充当着餐桌上的一道名副其实的菜了。比较有名的有油条塞肉、酱爆油条丁、鱼蓉油条汤等等，不再只是早餐的元素。

由此我想起一件有趣的往事。1980年我到兰州游玩。那天清晨，姐姐和她的师傅前来接站（师傅的家就住火车站对面）。因为接着还得赶几十里路，师傅把我带到家里休息，吃早饭。他兴冲冲地捧来一大摞油条，然后又出去忙活。和上海的不同，油条又粗又长，体量是上海油条的两倍。过了十几分钟，师傅进屋，见我呆坐，诧异道："怎么不吃呀？"我说："在等稀饭呢。""哎呀！哪来的稀饭，这就是稀饭！"他急得一跺脚。原来，西北人是把油条当作主食吃的，而且大多一下要吃好几根才肯罢休。相比之下，南方人确实显得"小家子气"。

有个小笑话，说有个农村孩子去买一根油条，返家途中，发现怎么老板给了两根？想退还给人家吧，怕被人骂贪小；想回家吧，又怕被大人骂糊涂，左右为难，后来干脆连家也不回，从此从村里"蒸发"了。

油条为什么由"两根"粘连而成？这里也有出典。据说是代表着秦桧夫妇俩。油条的前世是"油炸桧"，也叫"油炸鬼"。一个人被民众用象征方法诅咒，寝皮食肉尚不解恨，还要热锅油炸，其为人可知矣。"老油条"是人们赐予那些屡教不改者的徽号。在油条家族中，老油条丧失自我——大饼油条的绝配不属于它，煎饼油条轮不到它，或许它的归宿就在豆浆里，不过那已是被浸泡得脱了形，无从一睹其风采了。

油条如此，人何以堪？

屈子食单

文化人，尤其是上了点"品"的文化人，大都不屑于拉扯日常生活琐事；对于吃喝拉撒睡，忌口尤严。那些道学家、理学家的著作，是不肯让"起居注"这类东西来搅局的，即使有，也只不过是借喻，以和庄严的思想形成反差。

人们之所以喜欢那些有趣味的文人，不光因为他们有学问，还在于他们日常生活当中仍要顽强地显示自己的高明机智和世俗生活的隐秘快乐。而这恰恰又是普通百姓浑然不觉的。

孔子是中国最大的知识分子，他老人家不喜欢谈论"怪、力、乱、神"，却不拒绝说说饮食，"食不厌精，脍不厌细。食饐而洁，鱼馁而肉败不食；色恶不食；恶臭不食；失饪不食；割不正不食；不得其酱不食；肉虽多，不使胜食气；唯酒无量，不及乱；沽酒市脯不食，不撤姜食，不多食；祭于公，不宿肉；祭肉，不出三日，出三日，不食之矣。"看得出，他对此还是有点津津乐道的。

孟子对于"苛政"敢于用"猛于虎"去"呛"，也善于用饮食上的经验去说明生活理念："口之于味也，有同嗜焉。""鱼，我所欲也；熊掌，亦我所欲也，二者不可得兼。"说得多实在。孔孟之所以成为圣人，和他们过着"类平民"的生活，而能说出平民说不出的有水平的话有关，我想。

孔孟以降，但凡我们觉得有点趣味的文化人，提到"吃喝"，差不多都有情不自禁的冲动，李白、杜甫、苏轼、陆游、曹雪芹以及曾被目为"无聊文人"的张宗子、李笠翁、袁子才等，无不流露出口腹之欲的满足感。

在这里，我要特别提一下被人尊敬的"三闾大夫"屈原。这位浪漫而又忧郁的行吟诗人，我们尊为"屈子"，往往给人一脸的苦愁形象，"路曼曼其修远兮，吾将上下而求索"，好像不食人间烟火似的。其实呢，在下可以负责任地说，灵均前辈除了作诗、"造为宪令"（主持国家政令的起草）外，还是一位美食家！他在《楚辞·招魂》陈列一份食单，道是："稻粢穱麦，挐黄粱些。大苦咸酸，辛甘行些。肥牛之腱，臑若芳些。和酸若苦，陈吴羹些。胹鳖炮羔，有柘浆些。鹄酸臇凫，煎鸿鸧些。露鸡臛蠵，厉而不爽些。粔籹蜜饵，有怅惶些。瑶浆蜜勺，实羽觞些。挫糟冻饮，酎清凉些。华酌既陈，有琼浆些……"（怪字太多，恕不续引）这份近百字的菜单，究竟有些什么呢？主食：大米小米，小麦高粱；正菜：各种味道的瓜果蔬菜、煮烂芳香的牛腱、有点酸苦的江南羹汤、淋过甘蔗甜浆的清蒸甲鱼和烤羊羔、醋熘天鹅肉、浓汁酱鸭、油煎大雁鸽鹌、白切卤鸡和海龟肉羹；点心：糖糕、蜜饼、麻花；饮品：琼浆玉液（部分冰镇）。有点煞风景的是那道"醋熘天鹅肉"，大概那个时候，柴翁之《天鹅湖》尚未问世，天鹅还没有成为美的象征吧。

相传写《登徒子好色赋》的宋玉是屈大夫的学生，屈大夫没有把美食家的衣钵传给他，宋只好胡诌些"京家之子，增之一分则太长，减之一分则太短；著粉则太白，施朱则太赤；眉如翠羽，肌如白雪，腰如束素，齿如含贝；嫣然一笑，惑阳城，迷下蔡"的色迷迷句子。

"食色性也"。老师在"食"上登峰造极了，学生就没了方向，只能改走"色"的线路。真是没有法子！

图书在版编目(CIP)数据

吃着碗里的 /西坡著. —上海:上海文化出版社,
2012.5
ISBN 978 - 7 - 80740 - 726 - 3

Ⅰ.①吃… Ⅱ.①西… Ⅲ.①菜谱②饮食—文化—中
国—文集 Ⅳ.①TS972.12②TS971 - 53

中国版本图书馆 CIP 数据核字(2011)第 154176 号

出版人
王　刚
责任编辑
崔　衡
装帧设计
叶　珺
封面摄影
许　青
内文摄影
杨晓喆

书名
吃着碗里的
出版、发行
上海文化出版社
地址：上海绍兴路74 号
网址：www.shwenyi.com
印刷
上海市印刷二厂
开本
1/32
印张
6.25
字数
100 千
版次
2012 年5 月第1 版　2012 年5 月第1 次印刷
国际书号
ISBN 978 - 7 - 80740 - 726 - 3
定价
24.00 元

告读者　本书如有质量问题请联系印刷厂质量科
T:021 - 59882178